可降解地膜覆盖下水热运动理论及应用

冯亚阳　史海滨　贾　琼　曹雪松　著

U0268668

黄河水利出版社

·郑州·

内 容 提 要

本书共分为 9 章,利用田间试验与模型模拟相结合的方式,探索了不同地膜覆盖对玉米产量影响的响应机制,阐明了可降解地膜覆盖对降解前的增温保墒和降解后的降雨利用与作物生长影响的机制;明晰了不同覆盖期的氧化-生物双降解地膜对玉米土壤水热分布和运移规律的影响;提出了适于西辽河平原区的氧化-生物双降解地膜覆盖诱导期,丰水年为 60 d,平水年为 60~70 d,枯水年为 80~100 d。

本书可供节水灌溉技术推广的科技人员和降解地膜生产厂家参考使用。

图书在版编目(CIP)数据

可降解地膜覆盖下水热运动理论及应用/冯亚阳等著. —郑州:黄河水利出版社,2022.9
ISBN 978-7-5509-3377-4

Ⅰ.①可… Ⅱ.①冯… Ⅲ.①可降解材料-地膜覆盖-土壤蒸发-研究 Ⅳ.①S152.7

中国版本图书馆 CIP 数据核字(2022)第 166003 号

组稿编辑:王路平 电话:0371-66022212 E-mail:hhslwlp@ 126. com

出 版 社:黄河水利出版社 网址:www.yrcp. com
地址:河南省郑州市顺河路黄委会综合楼 14 层 邮政编码:450003
发行单位:黄河水利出版社
发行部电话:0371-66026940、66020550、66028024、66022620(传真)
E-mail:hhslcbs@ 126. com
承印单位:河南新华印刷集团有限公司
开本:890 mm×1 240 mm 1/32
印张:5.625
字数:170 千字
版次:2022 年 9 月第 1 版 印次:2022 年 9 月第 1 次印刷

定价:50.00 元

前　言

　　内蒙古自治区东部是我国北方地区的东北玉米带(世界三大"黄金玉米带"之一)的核心区域,但由于干旱和种植方式等原因,该地区地下水开采严重超标,水分和养分利用效率偏低,严重制约了该地区的农业发展。2012年初,国家启动东北四省区"节水增粮行动"计划,大力推广膜下滴灌的节水灌溉新技术。地膜覆盖具有增温、保墒、控盐、抑制杂草、提高水肥利用效率、促进作物生长发育和增产等作用,在春季容易发生低温冷害和霜冻的东北地区,覆膜将春玉米各生育阶段平均提早7 d,全生育期缩短11 d,地膜覆盖是春玉米获得高产的重要途径之一。但普通塑料地膜由于其稳定的分子结构,在自然条件下降解周期可达上百年,降解过程中还会释放有毒物质,且很难被回收利用。近几十年,普通塑料地膜在我国农业生产中大量使用,土壤中的残留地膜数量日益增加,残膜的隔离作用破坏了土壤结构,抑制了作物对土壤中营养物质和水分的吸收利用,造成作物减产,不利于农业的可持续发展。为解决普通塑料地膜对土壤所造成的负面影响,采用光降解地膜、光-生物降解地膜、液体地膜和生物降解地膜等新型环保地膜代替普通塑料地膜用于农业生产是未来的发展趋势。尤其是在自然条件下可生物降解为 CO_2、H_2O 和有机质的可完全降解的生物地膜,在增温保墒、促进作物生长发育、提高产量的同时,有效减少了农田环境的污染。

　　内蒙古东部地区属于半干旱地区,在玉米生育中后期,7月下旬至8月降水量占全年降水量的51.09%,可降解地膜可以提高降水的有效利用率,减少地下水的开采,缓解当地地下水不足的供需矛盾。我国研制的一种兼具氧化降解和生物降解的新型氧化-生物双降解地膜,可以通过改变氧化生物双降解地膜的配比调节其降解速率。研究适当时间降解的可降解地膜,可以保证在寒冷的作物生育前期增温保墒,在作物生长的中后期,地膜诱导降解后,可提高降水利用率。

本书密切结合我国内蒙古东部地区春玉米的生产实际,对降解地膜覆盖技术进行了较为系统的研究。研究项目以西辽河平原大面积玉米种植为背景,采用大田试验与模型模拟相结合的方法,以玉米为供试作物,采用不同诱导期和不同颜色的氧化-生物双降解地膜和普通塑料地膜为覆盖材料,结合膜下滴灌高效节水灌溉技术,明晰不同地膜覆盖的适用性,探讨不同水文年型下适合当地农业生产的氧化-生物双降解地膜的诱导期,运用 HYDRUS-2D 模型模拟不同地膜覆盖的土壤水热迁移规律及对农田水土环境的影响,选出不同水文年型下兼顾增温保墒与提高降水利用的氧化-生物双降解地膜的最优覆盖期,为西辽河平原及相近地区保护生态环境、提高作物产量和水分利用效率提供理论依据,对可降解地膜生产和推广应用提供技术支撑。

本书在编写过程中得到了中国水利水电科学研究院、内蒙古自治区水利厅、内蒙古农业大学、通辽市水利技术服务中心的支持和帮助。另外,在编写过程中还引用了大量的参考文献。在此,谨向为本书的完成提供支持和帮助的单位、所有研究人员和参考文献的作者表示衷心感谢!

由于作者水平有限,书中难免存在不妥之处,敬请读者朋友批评指正。

作 者

2022 年 5 月

目　录

1 绪 论

1.1 研究背景与意义

西辽河平原地处内蒙古自治区东部,位于我国北方地区的东北玉米带(世界三大"黄金玉米带"之一)的核心区域[1],但由于干旱和种植方式等原因,该地区地下水开采严重超标,水分和养分利用效率偏低[2-3],严重制约了该地区的农业发展。2012年初,国家启动东北四省区"节水增粮行动"计划,大力推广膜下滴灌的节水灌溉新技术。地膜覆盖具有增温、保墒[4-6]、控盐[7]、抑制杂草[8-9]、提高水肥利用效率[10]、促进作物生长发育和增产等作用[11-13]。在春季容易发生低温冷害和霜冻的东北地区[14-15],覆膜将春玉米各生育阶段平均提早7 d,全生育期缩短11d[16],地膜覆盖是春玉米获得高产的重要途径之一[17]。但普通塑料地膜由于其稳定的分子结构,在自然条件下降解周期可达上百年,降解过程中还会释放有毒物质,且很难被回收利用[21]。近几十年,普通塑料地膜在我国农业生产中大量使用[11-22],使土壤中的残留地膜数量日益增加,残膜的隔离作用破坏了土壤结构,抑制了作物对土壤中营养物质和水分的吸收利用[28-29],造成作物减产,不利于农业的可持续发展[30-31]。为解决普通塑料地膜对土壤所造成的负面影响,采用光降解地膜、光-生物降解地膜、液体地膜和生物降解地膜等新型环保地膜代替普通塑料地膜用于农业生产是未来的发展趋势。尤其是在自然条件下可生物降解为CO_2、H_2O和有机质的可完全降解生物地膜,在增温保墒、促进作物生长发育、提高产量的同时,有效减少了农田环境的污染[35-37]。我国研制了一种兼具氧化降解和生物降解的新型氧化-生物双降解地膜[38]。刘蕊等[39]研究表明,覆盖氧化-生物双降解地膜较裸地对照,可显著提高玉米出苗率和产量、苗期和拔节期$0\sim25$ cm土层平均温度、0~60 cm 土层土壤蓄水量;孙仕军等[40]研究表明覆盖氧化-生物双降解地膜与覆盖普通地膜具有相同的增温、保墒和增产作用,可以通过改变氧化-生物双降解地膜的降解助剂配比调节其降解速率。

近年来通过生产实践与试验研究发现,太阳光谱中波长不同,有色地膜对其的反射、透射和吸收作用也不同。由于黑色地膜的透光率低,辐射热透过减少,相较于覆盖普通白色地膜,覆盖黑色地膜可以有效降低春玉米土壤温度,促进作物根系生长,抑制杂草生长,且产量显著高于覆盖白色地膜处理[41-43]。普通地膜的增温效应在炎热的环境下是不利的,它导致了土壤微生物量 C 和有机质含量低于可降解地膜和裸地处理[44]。在雨养农业区,覆膜的增温效应提前了玉米的生育期,使重伏旱出现在玉米的抽雄期前后,导致玉米出现早衰、减产等负面效果[4,45-47]。同时,也有研究报道称干旱年份覆盖普通地膜可以提高和保持土壤含水率,在降雨充足的年份并不能起到节水作用,反而降低了降雨利用率[1]。严昌荣等[48]提出了"作物地膜覆盖安全期"的理论,定义为"正常的自然条件和农事操作下,作物在某一区域要求地膜覆盖营造光温、水肥环境的最佳天数,覆盖时间超过这一时限,地膜覆盖会对作物生长或农田生态环境产生负效益"。目前研究表明,可降解地膜受外界影响因素较多,影响机制复杂,且地膜破裂时间及降解可控性差,在不同的气候与作物条件下,同一种可降解地膜的降解周期和降解性能差异显著[49-50],且国内外均未对生物降解地膜制定统一标准。

西辽河平原属于半干旱地区,在玉米生育中后期(7月下旬至8月),降水量占全年降水量的 51.09%,可降解地膜可以提高雨水的有效利用率,减少地下水的开采,缓解当地地下水不足的供需矛盾。研究适当时间降解的可降解地膜,可以保证在寒冷的作物生育前期增温保墒,在作物生长的中后期,地膜降解后,可以提高降雨利用率。可降解地膜具有一定的地域适用特征,因此本书采用大田原位观测试验和模型模拟相结合的方法,优选适宜于内蒙古自治区东部地区膜下滴灌应用的可降解地膜,深入揭示可降解地膜的降解时间对土壤的水分、温度、养分及玉米生长和产量的影响,在膜下滴灌种植方式下,对比分析不同地膜覆盖对种植单元不同位置的土壤水分分布状况,并深入了解可降解地膜覆盖下,不同破损率对降雨入渗的影响和雨后土壤水分的运移特征及规律,对可降解地膜覆盖技术的适用性进行评价。本书可为可降解地膜生产和推广应用提供理论基础和技术支撑,这对提高中国北方干旱缺水地区的作物产量和水分利用效率至关重要。

1.2　国内外研究现状

在当前世界干旱农区的保水措施中,地面覆盖技术的推广和应用最为广泛。地面覆盖材料多种多样,主要可划分为有机材料与无机材料两大类,前者主要包括作物秸秆、作物残茬等,后者主要包括塑料地膜、生物降解地膜、液态地膜、乳化沥青、土壤保水剂等。不同覆盖材料结合不同覆盖方式对土壤环境及作物生长发育的影响错综复杂,因地制宜地选用适宜的地膜覆盖和耕作措施,提高土壤水分生产力对提高旱地农业生产力至关重要,也是近年来干旱地区农业研究的热点和难点问题。

1.2.1　可降解地膜覆盖技术研究现状

目前,国内外对可降解农用地膜开展了广泛的研究,按照降解机制的不同,农用地膜可分为三大类:光降解地膜、生物降解地膜和光-生物降解地膜。其中,光降解地膜与光-生物降解地膜因易受外界影响、降解速度无法精准控制、埋土部分降解不完全等问题,使其推广应用受到很大的制约[51]。光-生物降解地膜是将地膜降解为小颗粒,虽然短期内作物生长不会受到明显的负面影响,但是随着土壤中塑料颗粒的累积,且难以人工清除,影响作物根系的生长,造成减产[52]。生物降解地膜按照降解机制的不同,分为完全生物降解地膜和添加型生物降解地膜两大类[53]。完全生物降解地膜主要由聚己内酯、聚乳酸、聚羟基丁酸酯等组成[54];添加型生物降解地膜主要由普通塑料、相容剂、淀粉、自氧化剂等组成。添加型生物降解地膜中除添加淀粉类能降解外,大量 PE 或聚酯类仍有残存且不能被完全生物降解,仍然会污染土壤环境。完全生物降解地膜能被土壤微生物完全降解,不会对环境造成二次污染。目前,被广泛研究应用的可降解农用地膜主要是完全生物降解地膜,完全生物降解地膜的降解机制是:塑料薄膜被土壤微生物侵蚀后,其中的水溶性聚合物可不断地被土壤微生物分泌的酶分解或氧化降解为小分子化合物,直至最终被分解为有机质、H_2O 和 CO_2。近年来,以脂肪族聚酯作为材料的完全生物降解地膜得到了迅速发展,在美国、日本和欧洲等国已实现产业化且已进入实用阶段,并且日本已将其作为具有生物降解性的通用塑料加以开发,但由于其生产成本一直较高,使其推广应用受到一定限制[55]。

目前,我国研发的氧化-生物双降解地膜受到广泛关注,降解原理是在普通聚烯烃塑料中添加氧化降解助剂,普通聚烯烃塑料先通过氧化降解使其分子量降低到 10 000 g/mol 以下,土壤微生物可降解此种含有丰富的羧基、羰基分子碎片,最终降解产物是 H_2O、CO_2 和土壤有机质,解决了制作工艺复杂、成本较高和在光照缺少或无光条件下不易降解的难题,具有更加广阔的推广应用前景。

在我国,生物降解地膜目前仅限于研究应用,百姓对可降解地膜接受度低,主要是由于其成本较高,且受气候环境影响较大,不同地区和不同作物需要不同诱导期的可降解地膜,目前又没有足够的理论支撑。因此,急需政府部门制定相应的可降解地膜评价方法和标准,规范市场价格,相信不久的将来,可降解地膜可取代普通塑料地膜被广泛地应用于农业生产之中。

1.2.2　可降解地膜降解性能研究

各种可降解地膜的降解速度由于其中所添加的成分与吹膜工艺的不同,即使同一种可降解地膜,在使用过程中,地域差异导致的气候条件的不同,其降解诱导期和降解速率也不尽相同。国内外学者做了大量研究,对比分析了不同类型的可降解地膜的降解特性,如降解速率、拉伸性能等。

乔海军等[56]对生物全降解地膜的降解过程研究表明,生物全降解地膜降解初期出现小的破洞,伴随裂口的出现,破洞逐渐变大,在收获期,地表无大块地膜存在。赵爱琴等[57]对地膜的降解时间进行了研究,结果表明埋土部分地膜的降解明显滞后于土壤表面地膜的降解,原因可能是土壤表面地膜的降解性能受环境因素特别是雨水的影响较大。胡宏亮等[58]对 5 种可降解地膜的降解时间和降解程度研究表明,可降解地膜均在覆膜后 20 d 左右开始降解,覆膜后 60~80 d 地表 30%以上面积出现裂缝,覆膜后 100 d,地表无可降解地膜存在,不会影响作物后期的生长。张景俊[59]研究表明,可降解地膜在 7 月底进入快速降解期,它的降解率和破损率较普通地膜分别提高 30 倍和 12 倍以上,9月下旬进入崩解期的可降解地膜的降解率和破损率分别可达 14%~26%和 30%~60%,而 PM 的降解率和破损率均在 3%左右,差异性显著($P<0.05$)。郭宇[60]对不同颜色可降解地膜的破损率和降解率进行了研究,研究结果表明,黑色可降解地膜的破损率(47.40%)、降解率(22.85%)较白色可降解地膜的破损率(43.74%)、降解率(21.90%)分别增大 8.4%和 4.3%,同时发现黑色可降解地膜的降解速率、降解程度均大于白色可降解地膜。申丽霞等[34]研究了 0.005 mm 厚和0.008 mm 厚的光-生物降解地膜的降解速度和降解强度,结果表明,薄的可降解地膜降解速率较快,在覆膜后第 90 天,相比于 0.008 mm厚地膜,0.005 mm 厚地膜的降解率提高了 27.92%,这与邬强等[37]的研究结论相似。王星[61]采用热分析和红外光谱法分析对普通地膜、生物降解地膜、光-生物双降解地膜、光降解地膜进行了热解特性和热动力学研究,结果表明不同地膜的活化能和指前因子排序为:生物降解地膜<光-生物双降解地膜<光降解地膜<普通地膜,在自然条件下可降解地膜比普通地膜更容易降解。刘群等[62]通过大田试验研究了衡量地膜降解性能的地膜表面性状、降解率及拉伸强度,生物降解地膜在降解60 d 和 100 d 后的降解率分别为 1.26%和 1.91%,且随着时间的延长降解率不断增大;覆膜 100 d 和 140 d 生物降解地膜的纵向拉伸强度较覆盖前分别降低了 61.9%和 72.6%,横向拉伸强度分别降低了 1.22 MPa 和 3.95 MPa,随着覆膜时间的增加,纵向和横向拉伸强度逐渐减弱,韧性变差;普通地膜铺设 140 d 后,纵向和横向拉伸强度则分别降低了 4.23%和 7.08%,变化相对较小,说明普通地膜难以降解。张景俊[59]也研究了不同覆盖时间降解地膜的力学性能,覆膜 100 d 后,普

通塑料地膜断裂最大力对比覆膜前仅减小了 0.26 N,差异性不显著($P>0.05$);覆膜 100 d 后,可降解地膜受到紫外线照射、降雨、风速等气象因素的影响,进入快速降解期,降解膜 OM3、OM2 和 OM1 断裂最大力分别比覆盖前下了 1.62 N、2.02 N、2.38 N,显著差异($P<0.05$),地膜覆盖的时间越长其力学性能变化越小。张晓海等[63]对 Biolice 可生物降解地膜的生物降解性能进行了研究,田间掩埋试验结果表明在田间掩埋 60 d 后,Biolice 可生物降解地膜的降解率高达 32.89%~46.8%,聚乙烯地膜降解率仅为 0.94%;室内模拟 CO_2 释放量,Biolice 可生物降解地膜的释放量达 193.72~275.17 mg/g,显著高于聚乙烯地膜(9.34 mg/g)。乔海军等[56]通过扫描电子显微镜(SEM)研究了全生物降解地膜的微观结构,结果表明,覆膜 170 d 后,地膜表面开始出现大小不等的孔洞。张景俊[59]通过 SEM 研究表明,覆膜 100 d 后,降解地膜出现大量大小不一的孔洞和凹凸不平的表面结构,此时降解地膜相容性和初性变差,分子间分散相粒径较大,机械性能降低,具有良好的可降解性,而普通塑料地膜表面结构只有细微变化。

由上述研究可知,前人对可降解地膜的覆盖性能、降解情况和力学性能做了很多研究,可降解地膜的降解状况一方面由地膜本身材料决定,另一方面受气候和种植方式的影响。目前,我国对可降解地膜生产标准没有规范可以参考,故本书研究在膜下滴灌种植方式下,不同诱导期的氧化-生物双降解地膜在西辽河平原区田间的降解情况,不同覆盖期可降解地膜覆盖对春玉米的生长和土壤水热状况的影响,为可降解地膜在该地区的推广提供一定的理论基础。

1.2.3 可降解地膜覆盖对农田土壤环境的影响

1.2.3.1 可降解地膜覆盖对土壤水热的影响

王星[61]研究表明可降解地膜和普通地膜的保温效果基本相同,在生育中期保温效果不明显,但在生育前期和后期保温效果显著。乔海军等[56]研究表明,在玉米全生育期,生物降解地膜覆盖处理不同深度土层温度均显著高于裸地,生物降解地膜在玉米生育中期的保温效果随着土层的加深逐渐降低,在生育前期和后期保温效果明显。这是因为受中期玉米冠层的影响[64],在上午可降解地膜处理的地温比普通地膜处理的高,在下午则相反,这是因为可降解地膜在低温下的增温作用小于普通塑料地膜,在高温下可降解地膜具有明显降低地表地温的作用[65]。白有帅等[66]对不同地膜的保温效果进行了研究,结果表明普通地膜的保温效果最好,其次是生物降解地膜,裸地处理的保温效果最差,在玉米拔节期后,由于气温的升高,膜上的热传导更好,所以两种覆膜处理在拔节期后增温效果更好,在灌浆期和成熟期,生物降解地膜逐渐降解,土壤温度与裸地的差异不显著。还有学者研究表明,可降解地膜覆盖和普通地膜覆盖下的土壤温度差异性不显著。李仙岳等[71]对白色、黑色快速(WO1、BO1)、中速(WO2、BO2)、慢速(WO3、BO3)可降解地膜的地温进行了研究,结果表明在作物生育前期,由于不同降解速率的降解地膜均未降解,此时处理间差异较小,在破损期差异增大,白色快速降解地膜覆盖下 0~15 cm 土层平均地温较慢速处理地温降低 1.05 ℃,黑色快速降解地膜覆盖温差为 0.59 ℃,主要原因是慢速降解地膜破损小,保温效果与普通地膜覆盖相近。申丽霞等[34]研究了不同厚度的可降解地膜的保温效果,可降解地膜越薄降解速率越快,保温效果越差;这个结论在棉花苗期土壤 0~25 cm 平均温度也得到验证,0.010 mm 和 0.012 mm 厚的完全生物可降解地膜处理温差为 0.4 ℃[37]。袁海涛等[72]设置了 4 种不同降解时间的生物降解地膜,结果表明,地膜降解性能直接影响了棉株不同生长期的增温效果,地膜从开始降解至完全消失前,对土壤起到保温作用。孙仕军等[40]也得到类似的结论,当氧化-生物双降解地膜破损后,有利于降雨的入渗,未降解区域地膜紧贴于地表,具有部分增温保墒效果。王星等[64]研究 3 种不同类型的可降解地膜,结果表明:不同类型的可降解地膜在玉米生育期中期保温效果不明显,生育前期和后期效果明显。李仙岳等[73]研究表明,生物地膜与普通塑料地膜覆盖处理在作物生长末期 0~20 cm 土层基质势差异显著水平,其余时期无显著差异。赵彩霞等[70]研究表明,供试 3 种可降解地膜的保墒效果与日本可降解地膜和普通地膜的保墒效果在作物生长前期差异不显著,这是因为作物生长前期可降解地膜保持完整。谷晓博[74]等也得到了类似结论,覆膜后 0~150 d,生物可降解地膜和普通地膜覆盖处理的增温保墒效果相当,150 d 后,随着生物地膜的降解,生物可降解地膜处理的增温保墒效果低于普通地膜处理。邬强等[37]设置 4 种降解诱导期生物降解地膜和普通塑料地膜处理,研究表明,4 种类型可降解地膜覆盖在棉花生长前期均能提高土壤水分,但随地膜降解和棉花生长后期则显著降低,与普通塑料地膜相比土壤水分显著降低 1%～3%。杨海迪等[75]研究了渭北旱塬区冬小麦农田土壤水分对生物降解地膜周年覆盖集雨栽培的响应,研究结果表明,相较于裸地处理,生物降解地膜覆盖处理和普通地膜覆盖处理条件下,2 年的平均水分利用效率分别提高 16.85%和 19.85%,且差异性显著($P<0.05$)。张杰等[76]研究结果表明,生物降解地膜覆盖处理 0～60 cm 土层土壤贮水量在玉米不同生育阶段与普通地膜覆盖处理的差异不显著,且均高于裸地对照处理。

1.2.3.2 可降解地膜覆盖对土壤养分的影响

生物降解地膜覆盖种植玉米能够提高土层碱解氮、速效磷、速效钾和有机质含量[61,76,77]。周昌明[78]也得出类似结论,生物降解地膜覆盖处理土壤碱解氮、速效磷和速效钾分别较 CK 处理增加 6.43%、5.48%和 18.73%,覆盖生物降解地膜可促进土壤有机质的分解。吴杨[79]研究表明,覆盖地膜对 0～20 cm 土层土壤养分影响最大,普通地膜处理和生物降解地膜处理由于上层土壤水温条件的提高,有效活化了土壤中速效氮、速效磷和速效钾含量,普通地膜处理 0～20 cm 土层的速效氮、速效磷和速效钾含量分别较裸地处理提高了 7.11%、28.26%和 21.24%,生物降解地膜处理分别较裸地处理提高了 7.46%、17.08%和 21.10%。白丽婷[80]在冬小麦上的研究显示,生物降解地膜覆盖条件下 0～60 cm 土壤有机质、碱解氮、速效磷和速效钾含量明显降低。张景俊[59]研究表明,覆膜 150 d 后,降解地膜处理下 0～40 cm 土层硝态氮含量较普通塑料地膜处理显著降低。郭宇[60]指出,覆膜可以有效增加 0～40 cm 土层硝态氮含量,可降解地膜处理的硝态氮量低于普通地膜处理,这是由可降解地膜的降解作用引起的,普通地膜处理在 0～40 cm 土层硝态氮平均含量为 13.91 mg/kg,显著高于可降解地膜快速(12.71 m g/kg)处理,与可降解地膜中速(13.11 mg/kg)处理和慢速

(13.56 mg/kg)处理差异不显著;白色地膜覆盖处理硝态氮平均含量大于黑色地膜,但无显著差异($P>0.05$)。也有学者[61, 81]研究表明,生物降解地膜和普通地膜对土壤养分的增加效果差异不显著。

1.2.3.3 可降解地膜覆盖对土壤微生物量与土壤酶的影响

土壤微生物量是土壤中全部微生物的总称,在转化和循环过程中起主要作用的一般为土壤微生物中的量碳、氮,是土壤有机质和土壤养分等转化和循环的动力。土壤微生物量碳是土壤养分转化的活性库或源,可有效反映土壤养分状况以及生物活性的变化[82]。虽然土壤微生物量碳占土壤全碳的比例很小,但它却是评价土壤肥力与质量的重要指标[83]。土壤微生物量氮在土壤氮素的供应、循环和转化中起到关键的作用,它既能反映土壤的供氮能力,又能反映土壤氮素的有效性,综合体现了土壤微生物对氮素的矿化与固持作用。土壤酶是土壤中存在的具有生物活性的蛋白质,在土壤腐殖质合成、有机质分解及土壤养分循环等过程中起着十分重要的作用,土壤酶参与土壤中氧化还原反应、化合物水解等许多重要的生物化学反应,其活性水平可以直接反映土壤养分的转化速率和有效性,是评价土壤生物活性的指标[84-85]。土壤酶活性对土壤环境因子的变异反应敏感,是评价土壤肥力水平的微生物学指标[86]。

王静等[87]通过对冬小麦的研究表明,全膜覆土穴播可以有效提高冬小麦土壤微生物量及微生物数量,并且土壤微生物量和微生物数量均随土层深度的增加逐渐减少。于树等[88]研究表明,覆膜为微生物的生长、土壤有机质的分解等提供了良好的生存场所,能够降低微生物的矿化率,增加固持率,从而维持土壤活性有机质库中微生物量碳、氮含量处于较高的水平。但有学者通过研究得出相反的结论,张成娥等[89]在黄土塬区针对各生长期土壤微生物量 C、N 对不同施肥条件下地膜覆盖栽培玉米与裸地种植玉米的响应进行了研究,结果表明,相较于裸地种植玉米,地膜覆盖栽培降低了土壤微生物量 C、N,且在苗期表现最明显。张杰等[76]研究指出覆盖地膜有利于土壤中脲酶、蔗糖酶和磷酸酶活性的提高,增加土壤肥力,覆盖生物降解地膜与覆盖普通地膜的差异不显著,覆膜处理的土壤脲酶、磷酸酶和转化酶的活性均高于裸地处理,随着土层深度的增加,三种酶活性逐渐降低。这与赵林森等[90]的研究结论一致,即土壤脲酶、磷酸酶和转化酶的活性均随土层深度的增加而显著降低。

可降解地膜覆盖下土壤环境受多种因素影响,目前对覆盖普通塑料地膜和裸地处理的土壤水热条件、土壤养分和土壤微生物学指标的研究较多,可降解地膜的上边界条件是随时间不断变化的,变化的上边界条件会引起土壤环境的变化,进一步影响了土壤水热、土壤养分和土壤微生物学指标,因此研究不同诱导期可降解地膜的土壤环境,为了解土壤水热分布、土壤养分分解和分布的规律,可为探求适合作物生长的覆盖期提供理论支撑。

1.2.4　可降解地膜覆盖对作物生长和产量的影响

杨玉姣等[67]通过对可降解地膜覆盖与普通地膜覆盖条件下玉米的出苗时间和出苗率的研究表明,可降解地膜覆盖处理玉米的出苗率可达100%,出苗时间比普通地膜覆盖处理提前1 d,比不覆膜对照处理提前2 d,同时出苗后幼苗更加高壮与整齐,主要是因为覆膜条件下增加了土壤温度和水分,促进了玉米的生长。李振华等[68]对马铃薯研究表明,3种可降解地膜覆盖处理出苗率无显著差异,但均显著高于普通地膜处理。可降解地膜处理苗期和现蕾期与普通地膜无太大差异,可降解地膜处理在盛花期和淀粉积累期较普通地膜延后,恰逢此时正处于地膜裂解时期,这也说明地膜材料并非导致马铃薯生育期差异的主导因素。也有学者[91]得出了不同结论,生物降解地膜覆盖和氧化-生物降解地膜覆盖条件下的棉花生育期均较普通地膜覆盖处理(125 d)提前2 d,主要原因是生育后期降解地膜的破裂,土壤的保温保墒效果减弱,致使作物提前成熟。赵沛义等[92]研究了可降解地膜覆盖对旱地向日葵生长发育的影响,覆膜处理下的向日葵生育期相较于裸地处理有所缩短。李仙岳等[73]研究表明,A型和B型生物地膜覆盖下葵花叶面积指数和株高均与普通塑料地膜覆盖处理相近,且都显著优于无膜覆盖处理。周明昌[78]研究表明玉米株高和叶面积指数在播种后80 d和60 d达到最大值,可降解地膜处理的玉米株高、叶面积指数和干物质与普通地膜覆盖处理无显著差异;普通地膜、液态地膜和可降解地膜3种地膜覆盖处理,2年玉米根系参数均显著高于不覆膜对照处理。郭宇[60]研究表明,可降解地膜覆盖下的玉米生长指标呈现出的大小顺序为:慢速>中速>快速,其中可降解地膜慢速是因为降解速率慢,降解程度低,其覆盖下的玉米茎粗、株高和叶面积指数分别与普通地膜覆盖处理相差 0.18 cm、2.83 cm 和 0.08 cm^2/cm^2,差异不显著($P>0.05$),普通地膜覆盖处理的玉米干物质量,与可降解地膜慢速、中速和快速覆盖处理相比,分别提高 1.21%、6.81% 和 15.94%。王青青等[93]通过对覆膜条件下葡萄幼苗发芽数的研究表明,与不覆膜对照处理相比,半生物降解地膜、普通地膜和完全降解地膜覆盖下葡萄幼苗发芽数分别增加87%、77%和50%。谷晓博等[74]研究表明,与普通地膜覆盖处理相比,降解地膜盖膜处理条件下不同生育期冬油菜叶面积指数、株高、地上部干物质量及成熟期不同深度处主根直径无显著差异,但均优于无地膜覆盖对照处理,同时冬油菜分枝数、主花序与分枝花序的角果树和籽粒数均呈现相同的特点。相较于普通地膜覆盖处理,覆盖可降解地膜可以增加土层 20~30 cm 处的作物侧根质量密度,有利于冬油菜根系下扎。庞国柱等[94]研究指出,在棉花初花期前,降解地膜覆盖条件下棉花的出叶速率大于普通地膜覆盖处理,但在棉花初花期之后,棉花株高和叶龄数都表现出相反的特征,在整个棉花生育期,果枝层数在两种地膜覆盖条件下无显著差异,但均显著高于不覆膜对照处理。赵爱琴等[57]研究表明在玉米拔节期之前,可降解地膜覆盖处理的玉米叶面积指数显著高于普通地膜覆盖处理,在玉米抽雄期之后则表现出相反的特征,但两种地膜覆盖条件下玉米的株高、茎粗均无显著性差异。郭仕平等[69]研究了烤烟根系对可降解地膜与普通地膜覆盖的响应,结果表明在烤烟生育前期可降解地膜与普通地膜覆盖均能提高烤烟根系的鲜重与干重,差异性不显著,在生育后期,由于地膜的破裂及烤烟根系对土壤营养的吸收减少,覆膜处理与不覆膜对照处理间差异不显著。张杰等[76]研究了玉米光合作用对降解地膜与普通地膜覆盖的响应,结果表明可降解地膜与普通地膜覆盖处理均能显著提高玉米叶片的叶绿素含量、净光合速率、气孔导度和叶片水分含量,从而有利于促进玉米的同化作用,但是两种地膜覆盖条件下差异性不显著。刘群等[62]认为覆膜处理促进作物提前成熟,不覆膜对照处理条件下的作物光合速率高于降解地膜覆盖处理。

在作物产量方面,杨海迪等[75]研究了渭北旱塬不同地膜周年覆盖对冬小麦产量的影响,结果表明生物降解地膜、普通地膜覆膜2年的平均产量较不覆膜对照处理分别提高了36.28%和38.01%,且差异性显著($P<0.05$),说明生物降解地膜与普通地膜周年覆盖均能提高冬小麦产量。白有帅等[66]研究结果表明,与裸地对照处理相比,生物降解地膜覆盖处理可以使小麦的成穗数和穗粒数分别增加10%和12%,从而达到增产的目的,但是生物降解地膜处理的增产效果与普通地膜处理表现差异性不显著。周昌明[78]的研究也得出类似结论,即从夏玉米产量组成角度来看,与普通地膜覆盖处理相比,可降解地膜覆盖处理条件下玉米的果穗长、果穗粗、果穗重及百粒重等指标均高于裸地对照处理。邸强等[37]研究表明,与普通塑料地膜覆盖处理相比,完全生物可降解地膜覆盖处理2年平均棉花产量减产2.89%($P<0.05$),其中0.012 mm厚可降解地膜增产效果最差。庞国柱等[94]研究结果也表明,生物降解地膜覆盖处理对棉花有减产效果。林萌萌等[95]进行了4种全生物降解地膜、普通地膜与不覆膜对花生产量的对比试验,结果表明,地膜覆盖处理产量均优于不覆膜处理,降解速度过快的生物降解地膜产量低于普通地膜覆盖处理,反而其他降解速度适宜的生物降解地膜处理更利于花生的光合特性及花生产量的形成,效果优于普通地膜覆膜处理或表现与普通地膜覆膜处理相当。李仙岳等[71]设置了白色、黑色快速、中速、慢速降解地膜,并以白色、黑色塑料地膜和无膜覆盖作为对照,白色和黑色慢速降解地膜覆盖与对应的塑料地膜覆盖相比,产量无显著差异($P>0.05$),但同颜色不同降解速率的降解地膜覆盖下产量呈显著差异($P<0.05$),不同降解速率的降解地膜覆盖产量由大到小顺序为:慢速处理、中速处理、快速处理,张景俊等[59]也得到相同结论。张燕等[91]研究结果表明,相较普通地膜覆盖处理,REVERTE氧化-生物降解地膜覆膜处理可以使籽棉、皮棉产量分别增加15.5%和15.7%,从而提高棉花产量。刘蕊等[39]以东北地区覆膜玉米为试验对

象,研究表明氧化-生物双降解地膜覆盖处理玉米产量比普通地膜覆盖处理和 CK 分别高出 6.8%和 35.2%。白雪等[36]也得到相同结论,在产量方面,表现为生物降解地膜>渗水地膜>普通地膜>光降解地膜>不覆膜对照。张杰等[76]从可降解地膜与普通地膜的经济成本角度分析,认为可降解地膜与普通地膜的成本分别为 449 元/hm²、468 元/hm²,2 种地膜的产量差异不显著,因此生物降解地膜具有广泛的推广应用价值。郭仕平等从经济效益角度对烤烟普通地膜覆盖与降解地膜覆盖进行了研究,结果表明相较于可降解地膜覆盖处理,普通地膜覆盖处理可提高上等烟的比例和产量,普通地膜的经济产值比可降解地膜高 719.5 元/hm²,更具有推广应用价值。

前人对可降解地膜覆盖的研究已有二十余年,但多以某种可降解地膜的降解性能是否可提高作物产量为研究目标,对增产机制缺乏深入研究,且未明确提出适宜该地区不同水文年型的可降解地膜的覆盖安全期,因此探究适宜不同地区的可降解地膜覆盖下的增产增效机制,对干旱半干旱地区农业节水增效发展具有重要意义。

1.2.5 HYDRUS-2D 模拟土壤水热运移规律研究现状

HYDRUS-2D/3D 模型是运用计算机模拟田间沟灌和滴灌实际的土壤水热及溶质的二维或三维运动的有限元计算机模型。该模型可以根据田间实际情况设置给定流量边界、定水头和变水头边界、自由排水边界、渗水边界、大气边界及排水沟边界等各类边界,不但具有灵活的边界条件,而且具有友好的用户界面和标准化的计算机程序,这些都为实际田间的水热循环模拟和该模型的广泛推广应用提供了优势。目前,该模型广泛应用于模拟滴灌条件下土壤水分、热量及溶质等的运移和分布规律,而且该模型还能考虑作物根系对水分及营养物质的吸收和土壤持水能力的滞后影响,较好地模拟蒸散发与降雨(灌溉)、地下水位变化及土壤水分、热量的运移等过程。

HYDRUS-2D 软件包二维模块由于拥有 4 个变水头、4 个变流量边界,以及分别与之对应的溶质运移边界,能够精细地模拟线源供水的膜下滴灌灌溉方式,近些年许多专家学者运用该模型对滴灌条件下土壤

水分、热量运移过程的成功模拟也证明了这一点。Roberts 等[96]运用
HYDRUS-2D 软件成功模拟了地下滴灌条件下土壤表层盐分的累积状
况;Skaggs 等[97]针对 HYDRUS-2D 模型在滴灌条件下土壤水分运移过
程的适应性上进行了探讨研究,结果表明该模型不但可以较好地反应
滴灌条件下实际的土壤水分运移规律,而且还模拟了土壤水分分布模
式对滴灌灌溉方式下不同灌水频次、灌水量及初始含水率的响应规律,
均取得了较好的模拟效果;Bufon 等[98]运用 HYDRUS-2D 模型对滴灌
条件下棉田土壤水分分布情况进行了模拟,模拟结果表明该模型误差
在±3%以内。Doltra 等[99]则用 HYDRUS-2D 模型验证了其能够精确模
拟棉花滴灌条件下土壤水分运移规律。李亮等[100]运用 HYDRUS-2D
模型对内蒙古河套灌区水盐运移规律进行了模拟,表现出了较高的模
拟精度。Whling 等[101]针对灌溉条件下土壤水分及溶质的运动迁移过
程,运用 HYDRUS-2D 模型进行了模拟验证与识别,结果成功说明了该
模型模拟的合理性。Bristow 等[102]以地表没有生长作物的空地为研究
对象,利用 HYDRUS-2D 模型对滴灌条件下土壤水分和溶质的运动迁
移规律进行了模拟,模拟结果指出土壤的质地类型对土壤水分、溶质的
运移产生较大影响,建议在滴灌初期进行施肥可以有效降低土壤养分
的淋失。王建东等[103]构建了地面滴灌条件下 HYDRUS-2D 土壤水、热
运移数学模型,并用此模型模拟了土壤水、热值,并与田间实测值进行
了对比分析,结果表明:构建的模型能够较好地模拟地面滴灌条件下土
壤水分运动及土壤温度变化的动态分布,当土壤、气象及灌水资料等可
知时,所构建的模型可以准确地预测土壤水、热耦合运移与分布规律,
为精准调控地面滴灌条件下作物所需的土壤水热环境提供了理论依
据。Liu 等[104]采用数值模型 HYDRUS-2D 模拟覆膜条件下滴灌棉田土
壤水分的时间变化,并引入分配系数的概念描述塑料覆盖防止蒸发的
效果,结果表明:该模型很好地再现了 4 个处理中各地点土壤含水率的
变化,模拟结果与观测结果吻合较好。李仙岳等[105]通过 HYDRUS-2D
模型模拟了间作滴灌农田不同位置土壤水分水平水量交换与差异性及
土壤水分二维分布特征,结果表明:基于 HYDRUS-2D 构建的间作种植
滴灌农田土壤水分模型精度较高,决定系数为 0.85 ~ 0.90。Chen

等[106]利用 HYDRUS-2D 模型模拟了普通塑料地膜覆盖下的降雨入渗过程,通过考虑覆膜阻碍雨水直接入渗产生的膜侧渗漏和径流效应及冠层阻碍造成的降雨重分布,建立了 3 种不同边界条件的模型,研究结果表明:考虑膜侧径流和玉米冠层分布的模型的模拟结果与实测值的均方根误差最小,即模拟效果最好。齐智娟[107]在内蒙古河套灌区运用 HYDRUS-2D 模型模拟了土壤水、热、盐运移规律对玉米膜滴灌条件下不同覆膜耕作措施的响应,模拟结果与田间实测值拟合结果精度较高,研究结果表明:在实测数据缺失的情况下可以运用该模型较好地模拟不同灌水条件下土壤水、热、盐运移规律,指导田间实际生产,为河套灌区不同耕作栽培模式下作物灌溉制度的优化提供理论支撑。李斯[108]利用 HYDRUS-2D 软件模拟单点源和双点源滴灌不同设计工况下,沙壤土入渗过程滴头流量、田持百分比(有效湿润体边界含水率值)、计划湿润比、滴灌结束后持续时间与田间实际有效湿润比的影响进行相关性模拟与分析,模拟结果显示所有指标均呈显著性影响水平,其中田持百分比影响最大,计划湿润比和再分布时间次之,滴头流量影响最小。Kandelous 等[109-110]研究了地下滴灌条件下土壤水分运移规律,并将 HYDRUS-2D 模型的模拟值与田间实测值进行了对比分析,分析结果表明:该模型在模拟地下滴灌条件下土壤水分运移规律上表现良好,能够指导田间生产实践。潘红霞等[111]利用 HYDRUS-2D 模型对地下滴灌条件下滴头周围黏壤土的土壤水分动态进行了模拟,并与田间观测进行对比,结果表明:HYDRUS-2D 软件模拟结果与观测值一致,并通过分析不同滴头流量对试验地土壤湿润模式的影响,明确了最佳灌水技术参数。冀荣华等[112]在 HYDRUS-2D 模型的基础上构建了负压地下灌溉条件下土壤水分入渗模型,模拟水分在土壤垂直剖面随时间的入渗变化规律,并将模拟值与田间实测值进行对比验证,验证结果显示两者的相对误差为 2%~4%,说明所构建的模型可以描述负压地下灌溉下土壤水分入渗规律。Saglam 等[113]采用数值模型 HYDRUS-2D 模拟不同覆盖处理(普通塑料地膜、可降解地膜、纸膜)下的水分运动,每个处理根据自身特征,采用不同的土壤表面边界条件来表示,野外实测数据和模型模拟均表明,10 cm 深度土壤含水率与实测数据基本吻合。Chen 等[114]利用 2014 年和 2015 年在 BM、PM、NM 条件下采集的试验数据,对 HYDRUS-2D 模型进行了校准和验证,结果显示模拟值与实测值可较好地吻合。

前人利用 HYDRUS 模型对膜下滴灌和地面灌溉下水热运移规律进行很多的研究,但对不同覆盖时期的可降解地膜研究较少,且他们只是对土壤水热分布状况进行模拟和验证,很少利用模型预测,可降解地膜覆盖下的土壤水热运移是一个复杂的过程,随着可降解地膜的降解,上边界条件会影响土壤水热的分布,影响降雨入渗和地表蒸发,为了解不同破损率情况下的蒸发和降雨入渗的分布情况,通过田间原位试验和模型模拟研究可降解地膜覆盖条件下土壤水热运移规律,优选出适宜不同水文年型的覆盖期,为可降解地膜的生产和推广提供一定的理论基础,对发展高效节水的可持续现代化农业具有重要的现实意义。

1.3 研究思路

1.3.1 研究目标

本书研究以西辽河平原大面积玉米种植为背景,采用大田试验与模型模拟相结合的方法,以玉米为供试作物,采用不同诱导期和不同颜色的氧化-生物双降解地膜和普通塑料地膜为覆盖材料,结合膜下滴灌高效节水灌溉技术,明晰不同地膜覆盖的适用性,探讨不同水文年型下适合当地农业生产的氧化-生物双降解地膜的诱导期,运用 HYDRUS-2D 模型模拟不同地膜覆盖的土壤水热迁移规律及对农田水土环境的影响,选出不同水文年型下兼顾增温、保墒与提高降雨利用率的氧化-生物双降解地膜的最优覆盖期,为西辽河平原及相近地区保护生态环境、提高产量和水分利用效率提供理论依据,对可降解地膜生产和推广应用提供技术支撑。

1.3.2 研究内容

本书研究以玉米为供试作物,采用膜下滴灌的种植方式,以普通塑料地膜、氧化-生物双降解地膜为覆盖材料,研究氧化-生物双降解地膜的降解性能,不同地膜覆盖条件下土壤水热、养分状况、土壤微生物、玉米生长发育指标和经济效益的差异,明确不同地膜覆盖处理对土壤环境和玉米增产增效的影响机制,并运用 HYDRUS-2D 软件构建水热运移模型,模拟不同覆盖期的土壤水热运移规律,探求氧化-生物双降解地膜覆盖在西辽河平原区的最优覆盖期。

1.3.2.1　氧化-生物双降解地膜的降解特性

通过田间观测试验,记录和分析不同的诱导期氧化-生物双降解地膜降解过程、失重率和破损率,测试不同生育阶段的地膜力学性能,对研究氧化-生物双降解地膜在田间的覆盖效果,提供一定的理论支撑。

1.3.2.2　氧化-生物双降解地膜覆盖对土壤温度的影响

根据田间试验采集的土壤温度数据,分析不同地膜覆盖下,全生育期土壤积温、土壤温度变化规律,不同生育期对日土壤温度变化规律和纵向土壤温度变化规律的影响,对研究地膜的增温效果提供一定的理论依据。

1.3.2.3　氧化-生物双降解地膜覆盖对土壤含水率的影响

研究不同地膜覆盖处理的土壤储水量,膜下和膜外的土壤含水率时空变化规律,分析不同雨量级别条件下的降雨利用,阐述不同地膜覆盖对土壤水分分布的影响。

1.3.2.4　氧化-生物双降解地膜覆盖对农田土壤养分和土壤微生物的影响

通过测定不同地膜覆盖条件下 0~100 cm 土层土壤有机质和土壤有效氮含量的分布状况,0~20 cm 土层土壤脲酶、蔗糖酶、过氧化氢酶的活性,分析不同地膜覆盖对土壤养分和土壤微生物的反馈效应。

1.3.2.5　氧化-生物双降解地膜覆盖对玉米生长、产量和水分利用效率的影响

全面对比研究普通塑料地膜、氧化-生物双降解地膜和裸地对照的玉米生长发育指标、产量、水分利用效率和经济效益的影响,进一步明确不同地膜覆盖的增产增效机制,初步提出适应不同水文年型的适

宜覆盖期。

1.3.2.6 氧化–生物双降解地膜覆盖下水热运移数值模拟及覆盖期优选

以本书研究多年试验数据为基础,运用 HYDRUS-2D 软件进行水热运移数值模拟,设置不同工况进行模拟预测,优选不同水文年型条件下,为当地作物生长提供适宜水热条件的最优覆盖期。

1.3.3 技术路线

技术路线图见图 1-1。

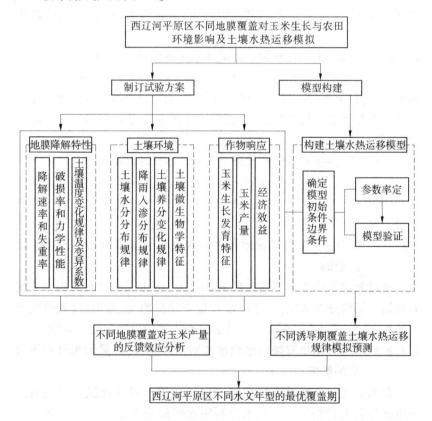

图 1-1 技术路线图

2 研究区概况与试验设计

2.1 研究区概述

试验田选在东北四省区节水增粮行动工程万亩滴灌工程建设示范区所在地通辽市科尔沁左翼中旗腰林毛都镇南塔林艾勒嘎查,坐标为东经122°37′、北纬44°16′。地处通辽市东端,北与吉林省接壤,是松辽平原向内蒙古高原的过渡地带。

2.1.1 土壤条件

在试验田采集土样,带回实验室通过土壤自然风干、过筛,按照规范要求处理土壤样品后,采用激光粒度仪(德国新帕泰克公司生产的HELOS/OASIS)测定颗粒分级比例,土壤质地按照美国制土壤质地分类法对土壤颗粒级配划分确定;土壤容重、田间持水率采用环刀取田间试验田0~100 cm土层(3次重复)原状土带回实验室测定。土壤酸碱度pH值和电导率EC值监测方法为风干土样碾碎过筛后按1:5配置土壤水溶液,充分震荡过滤后经真空泵抽滤,取土壤上清液测试pH值及EC值(详见表2-1)。

2.1.2 气象条件

试验区处在北温带大陆性季风气候区内,春秋季节短暂且干旱多风,夏季天气炎热,降雨量大,冬季寒冷漫长,降水极少。多年平均降水量在342 mm,夏季多年平均降水量占全年降水量的58.48%。多年平均蒸发量为2 027 mm(20 cm蒸发量)。多年平均气温为5.2~5.9 ℃,大于10 ℃的积温为3 042.8~3 152.4 ℃,无霜期150~160 d。多年平均日照时数为2 884.8~2 802.1 h。表2-2为2016~2018年试验区气象

表 2-1 土壤颗粒分级及理化性质

土层/cm	颗粒分布范围/%			土壤类型	容重/(g/cm³)	田间持水率/%	pH值	EC/(mS/cm)
	>0.05 mm	0.002~0.05 mm	<0.002 mm					
0~20	36.76	52.7	10.54	粉沙壤土	1.39	25.08	8.69	0.28
20~40	21.65	48.81	29.54	黏壤土	1.38	30.77		
40~70	20.18	39.15	40.67	黏土	1.23	45.05		
70~100	73.01	25.58	1.41	壤质沙土	1.32	12.52		

资料,2017 年平均最高气温和平均最低气温均为 3 年数据的极值,温差较大,3 年平均气温、相对湿度和平均风速无明显差异,2016 年降雨量分布均匀,2017 年降雨分布不均,降雨集中在 8 月,2018 年玉米生育前期降雨量较少。

通过对研究区 1983~2016 年 4 月下旬至 9 月中旬之间的降雨资料进行降雨频率分析,得到相应的代表年为枯水年(75%)降水量小于 213.89 mm,丰水年(25%)降水量大于 333.69 mm,平水年(50%)降水量介于两者之间,选择 1991 年(361.9 mm)、2011 年(273 mm)、2001年(221.5 mm)分别为丰水、平水、枯水年的代表年份[115]。本书研究的试验年份 2016 年和 2017 年为平水年,2018 年为枯水年。

表 2-2 2016~2018 年试验区气象资料

年份	月份	最高气温/℃	最低气温/℃	平均气温/℃	相对湿度/%	平均风速/(m/s)	降雨量/mm
2016	5	36.63	3.01	19.57	41.9	3.4	39.6
	6	37.12	8.82	22.44	61.59	1.57	80.41
	7	35.45	13.35	25.16	72.75	0.99	48
	8	37.02	10.17	23.44	73.47	0.88	60.62
	9	29.32	5.13	17.8	83.19	0.62	43.4
	平均/总计	35.11	8.1	21.68	66.58	1.49	272.03

续表 2-2

年份	月份	最高气温/℃	最低气温/℃	平均气温/℃	相对湿度/%	平均风速/(m/s)	降雨量/mm
2017	5	38.68	1.45	17.87	37.51	5.41	31
	6	38.45	7.9	22.8	52.46	2.05	6.4
	7	39.29	10.64	25.59	72.11	0.74	35
	8	32.95	3.09	21.96	82.66	0.4	206.02
	9	31.82	3.3	17.54	72.05	0.63	12
	平均/总计	36.24	5.28	21.15	63.36	1.85	290.42
2018	5	34.76	-1.13	17.6	32.72	2.69	9.4
	6	39.35	13.11	23.82	59.55	1.96	35.76
	7	37.32	17.89	26.3	81.72	0.89	67.6
	8	37.62	11.15	22.5	81.68	0.53	81.4
	9	30.62	3.09	16.79	70.35	0.73	18.4
	平均/总计	35.93	8.82	21.4	65.2	1.36	212.56

2.2　试验设计

玉米在拔节后进入快速生长阶段,植株冠层覆盖度增加,太阳辐射对土壤温度影响逐渐减弱,抽雄期和灌浆期玉米消耗大量水分和养分,为探究地膜覆盖对玉米生长过程中这3个重要结点的影响,2016~2018年设3个白色氧化-生物双降解地膜(WM)覆盖处理,诱导期60 d(WM60)、诱导期80 d(WM80)、诱导期100 d(WM100),3个黑色氧化-生物双降解地膜(BM)覆盖处理,诱导期60 d(BM60)、诱导期80 d(BM80)、诱导期100 d(BM100),普通塑料地膜覆盖处理(PM)和裸地(CK)对照处理,共计8个处理,每个处理设3次重复,试验处理见表2-3。

表 2-3　试验处理名称及编号

编号	种植方式	处理编号	处理说明
1	不覆膜	CK	对照
2	覆膜	PM	普通塑料地膜
3		WM60	白色氧化-生物双降解地膜(60 d)
4		WM80	白色氧化-生物双降解地膜(80 d)
5		WM100	白色氧化-生物双降解地膜(100 d)
6		BM60	黑色氧化-生物双降解地膜(60 d)
7		BM80	黑色氧化-生物双降解地膜(80 d)
8		BM100	黑色氧化-生物双降解地膜(100 d)

2.3　试验材料

试验用普通塑料地膜和氧化-生物双降解地膜宽 70 cm、厚 0.008 mm。氧化-生物双降解地膜由山东天壮环保科技有限公司提供,春玉米品种为农华 106,生育期 129 d。

试验田采用一膜一管两行玉米,宽窄行距为 85 cm、35 cm 的偏心播种种植方式(见图 2-1),相邻两条滴灌带间距为 1.2 m,试验田株距 24.6 cm,种植密度 6.75 万株/hm²。灌水量采用旋翼式数字水表记录(滴头间距 25 cm,灌溉速率 1.8 L/h),2016~2018 年灌水量依次为 177.54 mm、183.33 mm、196.79 mm,分布如图 2-2 所示。2016~2018 年播种时施基肥氮、磷、钾养分含量均为 63.7 kg/hm²,拔节期、抽雄期和灌浆期使用压差式施肥罐追施氮肥 82.8 kg/hm²、82.8 kg/hm² 和 41.4 kg/hm²。生育中期打药杀虫一次,中耕除草一次。2016 年 4 月 29 日播种,9 月 26 日测产;2017 年 4 月 27 日播种,9 月 24 日测产;2018 年 4 月 27 日播种,9 月 25 日测产。

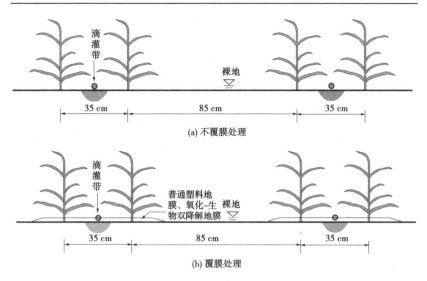

图 2-1 大田试验种植方式布置

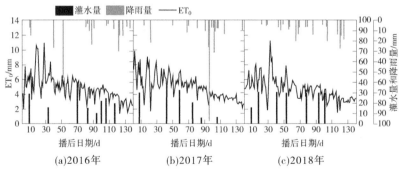

图 2-2 2016 年、2017 年、2018 年生育期灌水量、降雨量及 ET_0

2.4 观测内容与方法

2.4.1 气象指标检测

采用美国进口 HOBO U30 型自动监测气象站,数据采集间隔时间设定为 1 h,定期电脑采集气象数据,监测试验区气象资料。

2.4.2 氧化-生物双降解地膜降解性能

2.4.2.1 地膜降解分级

氧化-生物双降解地膜沿滴灌带垂直方向降解速率逐渐减小,将覆膜区域分为 3 个区域,分别为 Ⅰ 区、Ⅱ 区、Ⅲ 区,如图 2-3 所示。其中,Ⅰ 区地膜裸露在地表,播种后在覆膜处理小区内随机选定 3 个降解现象观测点,以木框圈定标记,框内面积为(38×38) cm²。每 10 d 记录一次,每次拍摄 3 张照片,记录裸露地表地膜的降解情况,地膜降解分级指标参照杨惠娣等[116]的方法。

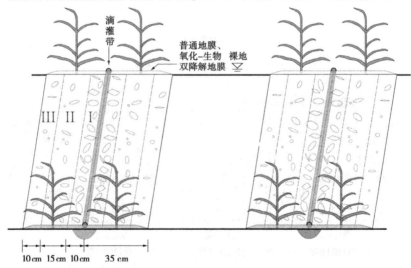

图 2-3 生育期内降解破损示意图

2.4.2.2 地膜失重率

覆膜前分别取黑色和白色氧化-生物双降解地膜、普通地膜各 1 m 称重(m_0),重复 3 次。播后 60 d 至收获,每隔 10 d,各覆膜小区随机选取 3 个 1 m 长覆膜段,按 Ⅰ 区、Ⅱ 区、Ⅲ 区分区采集地膜,带回实验室用超声波清洗仪洗净,自然风干后,用万分之一天平称重(m_i),计算地膜失重率(LW),计算公式为

$$LW = (m_0 - m_i)/m_0 \qquad (2-1)$$

2.4.2.3 地膜破损率

Ⅰ区地膜裸露在地表,将每隔 10 d 拍摄照片导入 CAD,画出破损边界,统计计算Ⅰ区破损面积,Ⅱ区和Ⅲ区被浅层土覆盖,无法直接拍摄,将清洗后计算失重率的地膜,按比例折算,统计破损面积,推算破损率(FD),计算公式为

$$FD_1 = \frac{\sum_{i=1}^{n} A'_i}{A_1} \qquad (2-2)$$

式中:A_1 为Ⅰ区总面积,cm^2;A'_i 为Ⅰ区内氧化-生物双降解地膜破损面积,cm^2;i 取值为 $1 \sim n$。

Ⅱ区和Ⅲ区被浅层土覆盖,无法直接拍摄,根据地膜失重率按比例折算破损面积,破损率计算公式为

$$FD_j = \frac{LW_j \times FD_1}{LW_1} \qquad (2-3)$$

式中:j 取值为 2、3。

氧化-生物双降解地膜的总破损率(AFD)计算公式为

$$AFD = \frac{FD_1 \times 10 + FD_2 \times 15 + FD_3 \times 10}{35} \times 100\% \qquad (2-4)$$

2.4.2.4 地膜力学性能

断裂伸长率(%)和拉伸强度(MPa)测试采用 CMT-2503 单柱式微机控制电子拉力实验机(级别为 1 级、实验力示值相对误差在±1.0%以内),覆膜处理Ⅲ区采集 3 个试样(测试地膜长 150 mm、宽 60 mm,地膜表面无肉眼可见破损,边缘修剪整齐),测试时实验室温度为 25 ℃左右,拉伸速度设定为 10 mm/min,试验中地膜不可弯曲。

2.4.3 农田土壤环境

2.4.3.1 土壤温度

2016~2018 年试验用土壤温度自动采集仪(THL-TWS-14,北京昆仑泰恒科技有限公司生产)监测,分别测定 PM、WM60、BM60、CK 这

4 个不同覆盖处理膜下 5 cm、10 cm、15 cm、20 cm、25 cm 和 35 cm 土层的土壤温度(见图 2-4),读数间隔为 1 h,从播种后检测至收获。

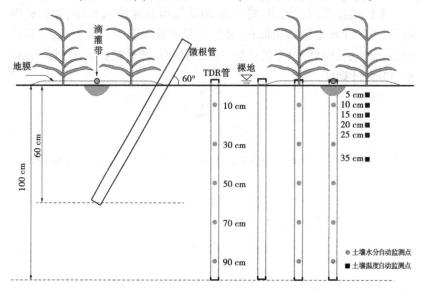

图 2-4　土壤温度、水分、根系监测布置

2.4.3.2　土壤含水率

土壤含水率的监测采用烘干法、TDR 管和土壤湿度自动记录仪(THL-TWS-18,北京昆仑泰恒科技有限公司生产)相结合的方式。烘干法,取土深度为 100 cm,分别在窄行行间滴灌带正下方(滴灌带距离 $r=0$)、玉米行间($r=17.5$ cm)和宽行行间($r=60$ cm)的 0~20 cm、20~40 cm、40~60 cm、60~80 cm、80~100 cm 土层取样,播前和各生育期各取样一次。

TDR(德国生产的 TRIME-PICO-IPH)土壤水分测量仪,播后每 10 d 测量土壤含水率,灌前、灌后、雨后加测。取样位置为滴灌带正下方、玉米行间、膜边(距滴灌带距离 $r=35$ cm)和宽行行间 4 个测点,测定的深度为 100 cm,分为 5 层(间隔 20 cm)。

土壤湿度自动记录仪分别在 PM、WM60、BM60、CK 这 4 个处理的滴灌带正下方、玉米行间和宽行行间 10 cm、30 cm、50 cm、70 cm、90 cm

土层埋入水分电极探头(见图 2-4),共计 60 个采集点。

2.4.3.3　土壤养分测定

土壤取样位置为玉米行间,播种前和收获后两次取样土层为 1 m。土壤有机质采用"油浴加热重铬酸钾氧化-容量法"[117],土壤有效氮采用碱解扩散法[117]测定,"NaOH 碱液处理土壤时,铵态氮及易水解的有机氮碱解转化为氨,硝态氮则需加入硫酸亚铁还原剂及硫酸银催化剂还原为铵,扩散皿放入 40 ℃恒温箱中保温 24 h 后用 0.01 mol/L 的盐酸标准溶液滴定"。

2.4.3.4　土壤微生物学指标测定

玉米播种后第一次灌溉后 7 d、拔节期追肥后 7 d、抽雄期追肥后 7 d 和灌浆期追肥后 7 d,取玉米株间 0~20 cm 土层土样,每个处理 3 次重复,去除枯叶、根系和地膜等动植物残体,过 1 mm 筛后装入无菌自封袋,4 ℃保存带回实验室测定。土壤微生物量碳、氮的测定采用氯仿熏蒸浸提法[118],蔗糖酶、过氧化氢酶、脲酶采用奈氏比色法和高锰酸钾滴定法[118]。

2.4.4　玉米生长发育指标及产量

2.4.4.1　玉米生长指标

以小区内 70%以上的植株表现出某生育期阶段特征作为进入该生育期阶段的标准[78],试验期间记录玉米种植时间、出苗时间和进入各生育期日期,统计单位面积出苗数,收获后统计单位面积有效株数;每个小区选取 3~5 株有代表性长势一致的植株进行插牌标记,连续观测各生育期玉米株高和叶面面积;玉米各生育期测 1 次干物质量,每个处理随机选取 3 株,用电子天平称取鲜重后放入干燥烘箱 105 ℃下杀青 0.5 h,继续 80 ℃烘干至恒重,即干物质量。

2.4.4.2　根系检测

用 ET-100 根系监测系统观测根系生长(见图 2-4)。玉米出苗后将 900 mm 树脂根管安装在距玉米 20 cm 处,安装角度与地面成 60°,露出地表的 20 cm 用盖子封好后再用黑色塑料袋包好。在灌浆期进行拍照观测,带回实验室运用 WinRHIZOTron 图像分析软件处理。

2.4.4.3 收获测产

每个处理随机选取 8 m 长度距离,重复 3 次,调查双行玉米有效穗株数,取所有玉米穗称重,全部脱粒后称重,并测量玉米籽粒含水率,折算为标准籽粒含水率得到产量,各处理选取长势均匀的 5 穗,测量穗长、穗宽、穗行数、行粒数和百粒重。

2.4.5 相关计算公式

(1)土壤储水量 $W(\text{mm})$ 计算式为

$$W = 10\gamma h\omega \tag{2-5}$$

式中:W 为土壤水分总储存量,mm;γ 为干容重,g/cm³;h 为土层厚度,cm;ω 为土壤含水率(%)。

(2)生育期耗水 $\text{ET}(\text{mm})$ 计算式为

$$\text{ET} = P + W_1 - W_2 + I \tag{2-6}$$

式中:ET 为作物耗水量,mm;P 为作物生育期降水量,mm;W_1、W_2 分别为播前和收获时的土壤储水量,mm;I 为生育期灌水量,mm。

试验区实测地下水埋深 8 m 以下,地面平整且灌溉方式为滴灌,故忽略地下水补给、深层渗漏和地表径流。

(3)水分利用效率(WUE)计算公式为

$$\text{WUE} = Y/\text{ET} \tag{2-7}$$

式中:WUE 为作物水分利用效率,kg/(hm² · mm);Y 为籽粒产量,kg/hm²。

(4)降雨有效入渗率具体计算公式如下

$$\lambda = P_e/P \tag{2-8}$$

式中:λ 为降雨有效入渗率;P_e 为膜下(距滴灌带 0～35 cm)区域降雨储积量,mm;P 为次降雨总量,mm。

2.5 数据统计分析及绘图

采用 Excel 2016 整理基础数据,采用 SPSS 22.0 软件进行显著性分析,利用 Excel 2016、Origin 2018、AutoCAD 2010 和 AI 软件进行

绘图。

本书研究为评价模拟值与实测值的吻合程度,采用平均相对误差(mean relative error,MRE),均方根误差(root mean square error,RMSE)及决定系数(R^2)3个指标评价,计算公式如下:

$$MRE = \frac{1}{n} \sum_{i=1}^{n} \frac{|S_i - O_i|}{S_i} \times 100\% \qquad (2-9)$$

$$RMSE = \sqrt{\frac{1}{n} \sum_{i=1}^{n} (S_i - O_i)^2} \qquad (2-10)$$

$$R^2 = 1 - \frac{\sum_{i=1}^{n} (S_i - \bar{S})}{\sum_{i=1}^{n} (O_i - \bar{O})^2} \qquad (2-11)$$

式中:S_i 为第 i 个样本的模拟值;O_i 为第 i 个样本的实测值;$\bar{S}$ 为模型模拟值的平均值;$\bar{O}$ 为实测值的平均值;n 为观测样本数目。

3 氧化-生物双降解地膜的降解特性及对玉米生育进程的影响

3.1 氧化-生物双降解地膜的降解特性

3.1.1 田间降解情况

表 3-1 为氧化-生物双降解地膜裸露地表区域(Ⅰ 区)的田间降解情况,从整体看,氧化-生物双降解地膜随着生育期的推进均有不同程度的破损,普通塑料地膜在生育期末出现少量裂纹。WM60 和 BM60 处理分别在播种后 50 d 和 60 d 左右开始出现裂纹,进入降解期,播种后 70 d 地膜表面 30%出现裂纹,80 d 地膜均匀网状破裂,90 d 地膜破碎成块状,地表无大片地膜存在,2016 年和 2018 年 WM100 和 BM100 处理分别在 120 d 和 110 d 达到 5 级降解程度,裸露地表地膜充分降解,地表无地膜存在,2017 年 BM60 和 WM60 处理均在播后 100 d 达到 5 级降解,提前 20 d 左右。WM80 和 BM80 处理连续 3 年均表现为播后 80 d 左右开始出现小裂纹,90 d 地膜表面裂纹达到 30%以上,2016 和 2018 年 WM80 和 BM80 处理 110 d 开始变脆,出现均匀大块网状裂纹,130 d 氧化-生物双降解地膜崩裂,地表仍有小块地膜存在,2017 年在播后 100 d 直接崩裂成小的膜片,地表无大块地膜存在。WM100 和 BM100 处理在 2016 年和 2018 年均表现为播后 100 d 左右开始出现小的裂纹,120~130 d 出现大量裂纹,达到 2 级降解分级,130 d 均匀网状破裂,2017 年播后 100 d 直接达到 2 级,120 d 达到 3 级,膜面出现大量网状裂纹,韧性变差,但仍具有部分覆盖功能。玉米生育前期和中期,氧化-生物双降解地膜的 3 年降解程度基本一致,生育后期由于 2017 年 122 mm 的大暴雨和后续的连续阴雨天对氧化-生物双降解地膜的冲击和浸泡,导致该年份降解期提前。

表 3-1　氧化-生物双降解地膜覆盖 I 区降解分级

年份	处理	降解分级										
		30 d	40 d	50 d	60 d	70 d	80 d	90 d	100 d	110 d	120 d	130 d
2016	WM60	0	0	0	1	2	3	4	4	4	5	5
	BM60	0	0	1	1	2	3	4	4	5	5	5
	WM80	0	0	0	0	0	1	2	3	4	4	4
	BM80	0	0	0	0	1	1	2	3	4	4	4
	WM100	0	0	0	0	0	0	0	1	2	2	3
	BM100	0	0	0	0	0	0	1	1	2	3	3
	PM	0	0	0	0	0	0	0	0	0	1	1
2017	WM60	0	0	1	1	2	3	4	5	5	5	5
	BM60	0	0	1	2	2	3	4	5	5	5	5
	WM80	0	0	0	0	0	1	2	4	4	4	4
	BM80	0	0	0	0	1	1	2	4	4	4	4
	WM100	0	0	0	0	0	0	0	2	3	3	3
	BM100	0	0	0	0	0	0	0	2	3	3	3
	PM	0	0	0	0	0	0	0	0	1	1	1
2018	WM60	0	0	0	1	2	3	4	4	4	5	5
	BM60	0	0	1	1	2	3	4	4	5	5	5
	WM80	0	0	0	0	0	1	2	3	4	4	4
	BM80	0	0	0	0	0	1	2	3	4	4	4
	WM100	0	0	0	0	0	0	0	1	1	2	3
	BM100	0	0	0	0	0	0	0	1	2	2	3
	PM	0	0	0	0	0	0	0	0	1	1	1

注:0~5 表示地膜降解分级指标,其中 0 级表示地膜完整未出现裂纹;1 级表示开始出现细
小裂纹;2 级表示膜面 30% 出现裂纹;3 级表示地膜均匀网状破裂;4 级表示地膜无大块
存在,仍有小碎片地膜存在;5 级表示裸露地表基本无地膜存在[116],下同。

诱导期 60 d 和 100 d 的黑色氧化-生物双降解地膜较白色氧化-
生物双降解地膜提前 10 d 进入降解期,诱导期 80 d 的氧化-生物双降
解地膜基本在同一时期进入降解期,这是因为生育前期,玉米植株较

小,此时太阳辐射直达地表,黑色地膜透光度低,膜面会吸收部分热量,加速黑色氧化-生物双降解地膜的降解;在生育中期,玉米枝繁叶茂,对太阳辐射有一定的遮挡作用,相同诱导期的氧化-生物双降解地膜差异不显著;生育后期,玉米叶片发黄凋萎,地表可以接收太阳辐射,导致诱导期 100 d 黑色氧化-生物双降解地膜较白色氧化-生物双降解地膜提前进入降解期。可见,不同诱导期的氧化-生物双降解地膜均能在预设诱导期前后开始降解,田间降解情况除了与本身材料相关,还受太阳辐射、冠层覆盖、降雨等外界环境影响,普通塑料地膜不可降解,在 2017 年灌浆期极端天气情况下,仍未出现较大破损,玉米生育后期部分膜面出现小的裂纹是由刮风和田间作业等造成的。

3.1.2 氧化-生物双降解地膜的失重率

氧化-生物双降解地膜的失重率见表 3-2。从整体看,氧化-生物双降解地膜随着诱导期增加,失重率逐渐减小,黑色氧化-生物双降解地膜的失重率显著大于白色氧化-生物双降解地膜。收获后 WM60、WM80、WM100 处理的总失重率为 48.39% ~ 54.39%、31.93% ~ 36.52%、16.01% ~ 25.71%,BM60、BM80、BM100 处理的总失重率为 49.82% ~ 55.64%、32.59% ~ 38.43%、18.12% ~ 26.77%,2017 年失重率显著大于 2016 年和 2018 年,黑色氧化-生物双降解地膜的失重率较白色氧化-生物双降解地膜平均提高 5.02%,差异显著($P<0.05$)。诱导期 60 d 氧化-生物双降解地膜Ⅰ区的失重率达到了 100%,Ⅱ区为 40.79% ~ 52.79%,Ⅲ区破损率最小,为 15.98% ~ 23.33%;诱导期 80 d 氧化-生物双降解地膜Ⅰ区、Ⅱ区、Ⅲ区的失重率分别为 66.59% ~ 76.98%、21.32% ~ 32.01%、14.09% ~ 17.73%;诱导期 100 d 氧化-生物双降解地膜Ⅰ区、Ⅱ区、Ⅲ区的失重率分别为 32.28% ~ 42.16%、14.78% ~ 26.16%、8.95% ~ 20.14%。

综上,随着氧化-生物双降解地膜诱导期的增加,失重率逐渐减小,从地膜中心至地膜边缘失重率逐渐减小。

表 3-2　氧化-生物双降解地膜的失重率

年份	处理	地膜初始质量/(g/m)	收获后Ⅰ区质量/(g/m)	失重率/%	收获后Ⅱ区质量/(g/m)	失重率/%	收获后Ⅲ区质量/(g/m)	失重率/%	收获后总质量/(g/m)	失重率/%
2016	WM60	5.92±0.29	0	100a	1.42±0.10	40.79b	1.33±0.05	16.63b	2.76±0.40	48.72a
	BM60	5.99±0.05	0	100a	1.37±0.16	46.66a	1.41±0.12	17.35a	2.78±0.35	51.07a
	WM80	5.91±0.11	0.56±0.11	66.59b	1.99±0.22	21.32d	1.2±0.189	28.74d	3.76±0.21	34.16c
	BM80	5.97±0.16	0.53±0.14	68.42b	1.9±0.098	25.63c	1.14±0.25	32.64c	3.59±0.38	37.68b
	WM100	5.84±0.23	1.13±0.12	32.28d	2.11±0.04	15.47f	1.52±0.12	8.59f	4.77±0.29	16.01e
	BM100	5.87±0.10	1.10±0.18	34.41c	2.06±0.17	17.78e	1.49±0.07	11.09e	4.65±0.25	18.12d
2017	WM60	5.83±0.05	0	100a	1.23±0.11	50.77b	1.32±0.21	20.76b	2.61±0.73	54.39a
	BM60	5.98±0.17	0	100a	1.21±0.12	52.79a	1.31±0.11	23.33a	2.62±0.40	55.64a
	WM80	5.79±0.11	0.41±0.07	75.21b	1.72±0.12	30.34c	1.41±0.14	14.74d	3.54±0.31	36.52c
	BM80	5.93±0.13	0.39±0.15	76.98b	1.72±0.17	32.01c	1.42±0.07	17.11c	3.52±0.40	38.43b
	WM100	5.99±0.06	1.02±0.04	40.62c	1.92±0.09	25.12d	1.38±0.14	19.03d	4.32±0.38	25.71d
	BM100	5.87±0.13	0.97±0.16	42.16c	1.85±0.08	26.16d	1.33±0.05	20.14e	4.16±0.29	26.77d
2018	WM60	5.66±0.04	0	100a	1.44±0.13	40.4b	1.35±0.14	16.08a	2.80±0.41	48.39a
	BM60	6.04±0.12	0	100a	1.42±0.10	44.92a	1.45±0.22	15.98a	2.87±0.36	49.82a
	WM80	5.87±0.18	0.55±0.05	67.21b	1.87±0.16	25.66d	1.44±0.11	14.14b	3.86±0.23	31.93b
	BM80	6.07±0.09	0.53±0.18	69.2b	1.92±0.04	26.19c	1.39±0.09	14.09b	3.94±0.30	32.59b
	WM100	5.89±0.08	1.12±0.12	33.21d	2.15±0.17	14.78f	1.47±0.17	12.13d	4.75±0.27	17.04d
	BM100	5.91±0.14	1.09±0.14	35.45c	2.12±0.11	16.3e	1.46±0.10	13.34c	4.67±0.29	18.45c

注：同列不同小写字母表示差异达显著（P<0.05）水平，下同。

3.1.3 氧化-生物双降解地膜的破损率

地膜破损率可表现氧化-生物双降解地膜在作物生长期的降解规律与覆盖效应,不同降解速度的氧化-生物双降解地膜是由于添加降解助剂配比不同产生的。如图 3-1 所示,在玉米生育前期,氧化-生物双降解地膜均未降解,6 月末,WM60 和 BM60 处理进入降解期,出现明显破损;8 月初,WM60 和 BM60 处理进入快速降解期,WM80 和 BM80处理进入降解期;进入 9 月,WM60 和 BM60 处理的破损率分别达到了40.28%~45.70%和 42.89%~50.11%,进入崩裂期;WM80 和 BM80 处理降解加速,WM100 和 BM100 处理出现明显破损,生育期末,WM80和 BM80 处理进入快速降解阶段。

白色氧化-生物双降解地膜 WM60、WM80 和 WM100 的破损率(FD)为 49.42%~56.45%、31.30%~43.58%和 13.42%~27.87%,黑色氧化-生物双降解地膜 BM60、BM80 和 BM100 的破损率为 50.79%~57.33%、34.31%~44.82%和 16.18%~28.44%,相同诱导期的不同颜色降解地膜相比,黑色氧化-生物双降解地膜的破损率较白色氧化-生物双降解地膜提高 1.52%~1.71%。

氧化-生物双降解地膜沿滴灌带垂直方向降解速率逐渐减小,裸露地表区域的氧化-生物双降解地膜的破损率大于浅层土壤覆盖下的氧化-生物双降解地膜。以 WM60 和 BM60 处理为例,氧化-生物双降解地膜 I 区、II 区、III 区的破损率如图 3-2 所示。播后 60 d,氧化-生物双降解地膜 I 区开始破损,降解速度较快,110 d 左右完全降解,II 区地膜在 70 d 开始破损,降解速度低于 I 区地膜,III 区地膜在 90 d 开始破损,降解速度最慢。WM60 和 BM60 处理的破损率 FD_1 在生育期末达到了 100%,地表基本无地膜存在,FD_2 分别为 35.26%~50.69%和39.60%~52.88%,破损率 FD_3 分别为 20.14%~29.71%和 20.42%~30.52%。II 区和 III 区均被浅层土壤覆盖,但 II 区破损率大于 III 区,这是因为 II 区覆盖土层更浅,且因为灌水、降雨冲击和作物生长等,II 区的土壤环境波动更大。

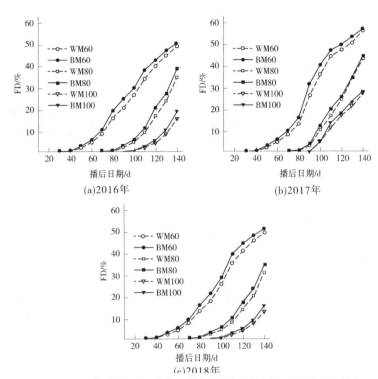

图 3-1　不同诱导期氧化-生物双降解地膜破损率随时间的变化情况

3.1.4　不同地膜的力学性能对比

氧化-生物双降解地膜覆盖处理Ⅲ区的地膜断裂伸长率和拉伸强度如表 3-3 所示,播前,氧化-生物双降解地膜播前断裂伸长率和拉伸强度与普通地膜差异不显著($P>0.05$)。在断裂伸长率方面,WM60 处理在播后 60 d、90 d 和 120 d 较覆膜前断裂伸长率下降了 24.79%、51.04% 和 69.05%;BM60 处理的断裂伸长率分别下降了 29.23%、54.78% 和 73.06%;WM80 处理在播后 60 d、90 d 和 120 d 较覆膜前断裂伸长率下降了 15.80%、32.60% 和 58.85%;BM80 处理的断裂伸长率分别下降了 16.95%、36.09% 和 62.26%;WM100 处理在播后 60 d、

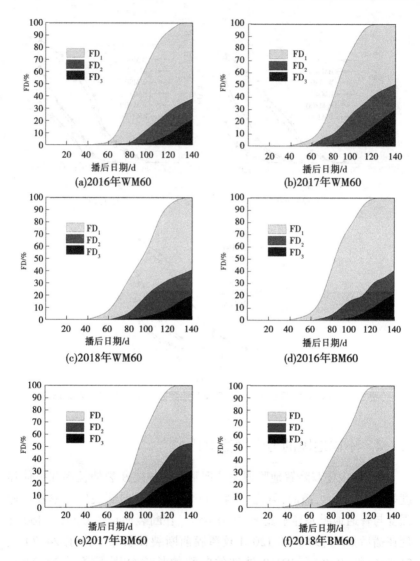

图 3-2　氧化-生物双降解地膜不同区域的破损率

90 d 和 120 d 较覆膜前断裂伸长率下降了 5.81%、20.84% 和 55.63%；BM100 处理的断裂伸长率分别下降了 8.09%、22.82% 和 59.61%；PM 处理断裂伸长率下降了 0.02%、10.00% 和 26.91%。从整体看，不同地膜拉伸强度损失与断裂伸长率损失规律基本一致,播后 120 d,WM60、BM60、WM80、BM80、WM100、BM100 和 PM 的拉伸强度较覆膜前分别下降了 65.41%、67.80%、45.62%、60.87%、27.20%、31.27% 和 14.06%,随着诱导期的增加,氧化-生物双降解地膜断裂伸长率和拉伸强度损失逐渐减小,相同诱导期的黑色氧化-生物双降解地膜的断裂伸长率和拉伸强度小于白色氧化-生物双降解地膜,普通塑料地膜变化最小。

综上所述,氧化-生物双降解地膜覆盖处理Ⅲ区的地膜随着生育期的推进,力学性能逐渐丧失,氧化-生物双降解地膜的边缘浅层覆土区在没有光照的情况下也可正常降解。

表3-3 氧化-生物双降解地膜的断裂伸长率和拉伸强度

项目	处理	播前	播后 60 d	播后 90 d	播后 120 d
断裂伸长率/%	WM60	487.16a	359.62d	234.10e	148.01e
	BM60	489.39a	346.35d	221.30f	131.85f
	WM80	491.88a	414.18c	331.54c	202.43c
	BM80	488.24a	405.50c	312.01d	184.26d
	WM100	501.37a	472.29b	396.88b	222.46b
	BM100	498.45a	458.14b	384.68b	201.31c
	PM	505.43a	505.34a	454.90a	369.43a
拉伸强度/MPa	WM60	30.79b	22.09e	14.01f	10.65d
	BM60	30.50b	22.35e	14.45f	9.82e
	WM80	31.02b	25.06d	19.85e	16.07c
	BM80	31.28a	26.02d	18.52e	15.27c
	WM100	31.95a	29.03c	24.23c	23.26b
	BM100	31.63a	30.73b	25.98b	22.74b
	PM	32.72a	33.37a	29.94a	29.84a

3.2 氧化-生物双降解地膜覆盖对玉米出苗率及生育进程的影响

玉米出苗率是指玉米种子破土出苗数和播种种子总数的百分比，收获有效株占比是玉米收获有效株数与播种种子总数的百分比；出苗率的高低主要由玉米种子的质量和种子所在的外部环境决定，收获有效株占比受生育期内土壤水分、温度、养分和病虫害等影响。出苗率和收获有效株占比的高低直接影响到后期玉米产量的高低，因此研究不同地膜覆盖下的玉米出苗率和有效株占比具有一定的意义。

玉米生育前期，适宜的土壤水温条件对作物生长发育有着重要影响。由表 3-4 可知，覆膜处理的出苗率高于裸地处理，3 年平均出苗率较 CK 高 5.42%。普通塑料地膜覆盖下 3 年玉米平均出苗率为 96.44%，白色氧化-生物双降解地膜覆盖下 WM60、WM80、WM100 处理 3 年玉米平均出苗率为 96.20%、95.55%、95.86%，黑色氧化-生物双降解地膜覆盖下 BM60、BM80、BM100 处理 3 年玉米平均出苗率为 96.49%、95.74%、95.65%，覆膜处理之间的出苗率无显著差异。对比分析对玉米产量有贡献的收获有效株占比发现，2016 年和 2018 年表现为普通塑料地膜覆盖处理最高，氧化-生物双降解地膜处理次之，裸地对照最低，2017 年为氧化-生物双降解地膜处理最高，这与 2017 年生育后期普通塑料地膜覆盖处理玉米受病虫害和倒伏有关；出苗率与收获有效株占比的差值反映了不同地膜覆盖条件下各处理的保苗效果，差值越小，保苗效果越好，普通塑料地膜覆盖处理 3 年平均值为 5.42%（其中 2017 年为 6.94%，拉高了平均值），氧化-生物双降解地膜处理 3 年平均值为 4.95%，裸地处理为 7.86%。

由此可见，氧化-生物双降解地膜覆盖不仅可以显著提高出苗率，还有保苗效果，减少玉米空秆数。

表 3-4　玉米出苗率与生育进程

年份	处理	出苗率/%	收获有效株占比/%	出苗期/d	拔节期/d	抽雄期/d	灌浆期/d	成熟期/d
2016	PM	97.31±1.17a	92.97±1.53a	16	57	85	109	142
	WM60	96.84±1.76a	92.15±1.38a	17	58	85	110	145
	WM80	96.23±1.16a	92.78±0.58a	17	58	85	110	145
	WM100	95.76±1.43ab	93.01±1.37a	17	58	85	109	143
	BM60	96.91±1.54a	91.23±1.17a	19	59	86	111	146
	BM80	96.78±0.58a	92.76±1.43a	19	59	86	111	146
	BM100	97.01±1.37a	93.94±1.38a	19	59	86	110	145
	CK	92.05±2.13b	84.66±1.33b	25	63	90	115	151
2017	PM	94.23±1.16a	87.29±0.96ab	20	58	84	115	143
	WM60	94.76±1.43a	91.04±1.39a	20	59	86	116	145
	WM80	93.94±1.38a	90.49±0.96a	20	59	86	115	144
	WM100	94.97±1.53a	89.04±1.39a	20	59	86	115	143
	BM60	95.69±1.09a	91.60±1.45ab	21	60	86	116	146
	BM80	93.85±1.42a	89.31±1.17a	21	60	86	116	145
	BM100	92.15±1.38ab	88.84±1.76ab	21	60	86	116	144
	CK	88.91±1.87b	82.16±1.03b	26	64	89	119	150
2018	PM	97.78±0.58a	90.85±1.42a	17	60	85	111	144
	WM60	97.01±1.37a	89.94±1.08ab	18	61	87	112	146
	WM80	96.49±0.96ab	90.97±1.53a	18	61	87	111	146
	WM100	97.04±1.39a	90.69±1.09a	18	61	87	111	145
	BM60	96.88±1.34ab	89.69±1.33ab	19	62	87	112	146
	BM80	96.61±0.98ab	90.15±1.38a	19	62	87	111	146
	BM100	97.79±1.06a	89.91±1.87ab	19	62	87	111	146
	CK	92.35±1.56c	82.91±1.37b	25	67	90	116	152

地膜覆盖能通过改变土壤温度、土壤水分等特性,从而影响到玉米种子的生长环境,促进玉米生长发育,改变玉米的生育进程。由表 3-4分析可知,覆膜主要对玉米前期的生育进程影响较大,氧化-生物双降解地膜覆盖处理较裸地处理出苗期提前了 6~8 d,覆盖地膜处理的玉米的生育进程较裸地处理明显加快,氧化-生物双降解地膜覆盖处理分别比 CK 处理缩短 5~6 d。黑色氧化-生物双降解地膜覆盖处理分别较 PM 处理出苗时间晚 2~3 d,白色氧化-生物双降解地膜覆盖处理与 PM 处理出苗时间相同或者晚 1 d,玉米拔节期和抽雄期,白色氧化-生物双降解地膜和黑色氧化-生物双降解地膜处理分别比 PM 处理推后 1~2 d 和 2~3 d。降解速率较快的 BM60、BM80、WM60、WM80 处理生育进程较普通塑料地膜处理推后了 2~3 d,降解速率较慢的 WM100和 BM100 处理,与普通塑料地膜处理相同或晚 1 d,差异不显著。

3.3　讨论与结论

可降解地膜的降解速率和降解程度不仅与地膜材料组成相关,还受种植方式、作物种类、气候条件、土壤条件的影响。申丽霞等[34]研究发现,0.005 mm 和 0.008 mm 厚度的降解地膜分别在播种后 30 d、40 d出现裂痕并开始降解,分别在播种后 90 d 左右分别达到 5 级、4 级降解水平。赵爱琴等[57]通过对平地覆盖降解地膜进行研究发现,生物降解地膜在播种后 20 d 开始出现直径为 2~3 cm 的破洞,在播种后 40 d 左右裂解成碎块状并黏附在土壤表层,在播种后 120 d 降解完成,地表无明显膜片残留。张杰等[76]通过降解地膜覆盖下不同种植方式研究发现,降解地膜在垄沟种植方式下降解破损速率比平地全覆盖种植方式快 10d 左右。战勇等[119]研究了 7 种不同诱导期的可降解地膜,诱导期短的可降解地膜在播种后 25 d 左右开始降解,在播种后 60~70 d 降解严重,达到 4 级降解水平;诱导期长的可降解地膜也分别在播种后 35 d 开始降解,在播种后 65~80 d 内破裂较为完全,基本达到 4 级降解水平。

王淑英等[120]研究发现生物降解地膜在播种后 30 d 开始降解,40d 开始快速降解,80~90 d 降解可达到 85%~90%。李仙岳等[71]在河套灌区研究了玉米田间白色、黑色降解地膜破损特征,结果表明:覆膜130 d 后黑色降解地膜平均破损占比高于白色降解地膜 8.4%。张景俊[59]研究了河套灌区葵花田间的可降解地膜降解特性,结果表明:可降解地膜在诱导期,其破损程度与普通塑料地膜相近,进入快速降解期后,其降解率和破损面积比率分别是普通塑料地膜的 51 倍和 13 倍,到了崩解期,降解率和破损面积比率分别为 23.15%和 28.88%。孙仕军等[40]研究了不同降解速率下氧化-生物双降解地膜田间覆盖后降解效果,覆膜 130 d 后 3 种地膜田间降解率分别为 14.2%、10.0%和 6.5%,处理之间差异显著。

地膜的力学拉伸性能反应了地膜随生育期的结构变化特征,对研究的可降解地膜在田间的覆盖效果具有重要的意义。张景俊等[59]研究表明覆盖的地膜随着时间变化其力学性能逐渐减小,覆膜后 100 d,PM 断裂最大力仅减小了 0.26 N,差异不显著($P>0.05$),降解地膜覆盖在播后 100 d 处于快速降解期,OM3、OM2 和 OM1 断裂最大力分别比覆盖前下降了 1.62 N、2.02 N、2.38 N,差异显著($P<0.05$)。郭宇[60]研究表明,在成熟期,普通塑料地膜的拉伸强度较苗期降低了10.06 MPa,可降解地膜降低了 21.57 MPa,下降幅度大于普通塑料地膜且差异显著($P<0.05$);不同降解速率地膜对比,可降解地膜慢速力学性能最优,可降解地膜慢速生育期内的断裂伸长率为 399.05%,显著高于中速(366.80%)和快速(346.65%);不同颜色地膜对比,黑色地膜的力学性能较差。孙仕军等[40]设置了不同降解速率的氧化-生物双降解地膜,研究了种植单元不同位置的力学性能,在田间覆盖 120 d 后,降解地膜 a(快)、降解地膜 b(中)和降解膜 c(慢)在垄上地膜拉伸强度损失率分别为 30.4%、20.3%和 19.1%,断裂伸长率损失率依次为10.4%、13.5%和 5.0%,垄侧地膜拉伸强度损失率为 59.0%、50.7%和45.6%,断裂伸长率损失率为 71.7%、55.6%和 51.0%,地膜断裂伸长率变化与拉伸强度变化规律与预设降解速率正相关。

本书研究根据氧化-生物双降解地膜种植单元中不同区域破损程度,将种植单元的覆膜区域分为 3 个,其中裸露地表的 Ⅰ 区破损率最大,Ⅱ 区次之,Ⅲ 区被土壤覆盖,破损率最小。裸露地表的氧化-生物双降解地膜的破损率大于浅层土壤覆盖下的氧化-生物双降解地膜,与前人研究的降解过程基本一致,但降解速度存在一些差异,这可能是地域、气候和种植模式不同产生的。对氧化-生物双降解地膜Ⅰ区田间原位连续观测表明,WM60 和 BM60 诱导期最短,在播后 50~60 d 进入降解期,播后 100 d 地表基本无地膜存在;WM80 和 BM80 次之,在 70 d 左右开始出现裂纹,播后 130 d 地表仍有小块地膜存在;WM100 和 BM100 最后降解,白色地膜在 100 d 左右进入诱导期,生育末期仍具有部分覆盖效果;黑色氧化-生物双降解地膜较白色氧化-生物双降解地膜提前 10 d 进入降解期。在生育末期,白色氧化-生物双降解地膜 WM60(诱导期 60 d)、WM80(诱导期 80 d)和 WM100(诱导期 100 d)的破损率(AFD)分别为 49.42%~56.45%、31.30%~43.58%和 13.42%~27.87%,黑色氧化-生物双降解地膜 BM60、BM80 和 BM100 的破损率分别为 50.79%~57.33%、34.31%~44.82%和 16.18%~28.44%,相同诱导期不同颜色降解地膜相比,黑色氧化-生物双降解地膜的破损率较白色氧化-生物双降解地膜高 1.52%~17.01%。WM60 处理Ⅲ区地膜在播后 60 d、90 d 和 120 d 后较覆膜前断裂伸长率下降了 24.79%、51.04%和 69.05%;BM60 处理Ⅲ区地膜的断裂伸长率分别下降了 26.21%、52.85%和 74.89%;播后 120 d,WM60、BM60、WM80、BM80、WM100、BM100 和 PM 的拉伸强度较覆膜前分别下降了 65.41%、74.36%、45.62%、60.87%、27.20%、31.27%和 14.06%,随着诱导期时间的延长,损失逐渐减小,不同颜色相同诱导期的氧化-生物双降解地膜之间差异显著($P<0.05$)。

适宜的土壤温度与水分条件可以提前玉米的出苗期、提高玉米的出苗率,从而加快作物的生育进程[34,56]。周昌明[78]通过对 2 年夏玉米出苗率研究发现,液态地膜、可降解地膜与普通地膜覆盖均能保持玉米出苗率在 96%~99%,且无显著差异。杨玉姣等[67]研究发现,覆盖处理较 CK 对照提前 2 d 出苗,且降解地膜和普通地膜出苗率均达到 100%,两者之间无显著差异。申丽霞等[121]研究表明,相较于裸地对照,地膜覆盖可以显著提高玉米的出苗率,0.005 mm 厚可降解地膜、0.008 mm 厚可降解地膜和普通地膜覆盖处理的出苗率分别提高

0.7%、1.1%和1.4%,普通地膜和生物降解地膜覆盖下夏玉米生育期
分别提前了12和9 d。王敏等[122]研究结果表明,塑料地膜和生物降
解地膜覆盖处理均能使玉米全生育期较对照提前11 d。王淑英等[120]
研究表明,双垄沟播玉米生物降解地膜全覆盖处理比裸地对照处理出
苗提前5~9 d,成熟期提前11~12 d。本书研究与前人研究类似,普通
塑料地膜覆盖和氧化-生物双降解地膜覆盖处理之间的出苗率无明显
差异,覆膜处理3年平均出苗率较CK高5.42%,普通塑料地膜覆盖处
理生育期最短,比裸地处理缩短7~9 d,白色氧化-生物双降解地膜和
黑色氧化-生物双降解地膜覆盖处理分别比裸地处理缩短6 d和5~
6 d,覆膜主要对玉米生育前期影响较大,覆膜还可以显著提高收获有
效株占比,增加保苗效果,减少玉米空秆数。

3.4　小　结

(1)氧化-生物双降解地膜均在预设诱导期前后开始降解,降解时
间可控。诱导期60 d的氧化-生物双降解地膜,在播后50~60 d进入
降解期,播后100 d地表基本无地膜存在;诱导期80 d的氧化-生物双
降解地膜,在80 d左右开始出现裂纹,播后130 d地表仍有小块地膜存
在;诱导期100 d的氧化-生物双降解地膜在90~100 d进入诱导期,生
育末期仍具有部分覆盖效果;黑色氧化-生物双降解地膜较白色氧化-
生物双降解地膜提前10 d进入降解期,PM在收获时仅出现少量裂纹,
为田间正常损耗。

(2)随着氧化-生物双降解地膜的诱导期增长,失重率和破损率逐
渐降低;黑色氧化-生物双降解地膜的失重率和破损率较白色氧化-生
物双降解地膜提高5.02%和1.62%。诱导期60 d的氧化-生物双降解
地膜处理裸露地表的Ⅰ区(距滴灌带0~10 cm)破损率在生育期末达
到了100%,被浅层土壤覆盖Ⅱ区(距滴灌带>10~25 cm)和Ⅲ区(距滴
灌带>25~35 cm)的失重率分别为40.79%~52.79%和15.98%~
23.33%,破损率分别为35.26%~52.88%和20.14%~30.52%,氧化-
生物双降解地膜裸露地表区域的破损率大于浅层土壤覆盖区。

　　(3)氧化-生物双降解地膜随着生育期推进,力学性能逐渐降低,浅层覆土区的氧化-生物双降解地膜在没有光照的情况下也可正常降解;氧化-生物双降解地膜诱导期越短,断裂伸长率和拉伸强度损失越大;相同诱导期的黑色氧化-生物双降解地膜的断裂伸长率和拉伸强度损失均大于白色氧化-生物双降解地膜。

　　(4)普通塑料地膜覆盖处理和氧化-生物双降解地膜覆盖处理的出苗率和生育进程无显著差异,出苗率较裸地处理提高了5.42%,氧化-生物双降解地膜覆盖处理生育期较裸地处理缩短5~6 d。

4 氧化-生物双降解地膜覆盖对土壤温度和水分动态变化特征的影响

4.1 不同类型地膜对土壤温度的影响

覆膜可以增加土壤温度,促进种子发芽,加快作物生育进程,提高土壤微生物活性和增加作物干物质积累,对作物生长具有重要的意义。本书通过田间试验观测,对比了不同地膜覆盖条件下的土壤生育期积温,分析生育期土壤温度与东北地区玉米生长最适温度的差异,不同生育期土壤温度的日变化规律和不同土壤深度的变化特征,为优选适合的覆盖期提供理论支撑。

4.1.1 不同类型地膜覆盖处理对玉米生育期土壤积温的影响

2016~2018 年诱导期 60 d 的氧化-生物双降解地膜覆盖、普通地膜覆盖和裸地处理全生育期土壤 5~25 cm 土壤积温如表 4-1 所示,WM60 处理和 BM60 处理全生育期土壤积温较 PM 处理降低了 7.89%~8.43% 和 9.06%~9.66%,较 CK 处理提高了 9.34%~10.81% 和 8.17%~9.60%。苗期,WM60 处理积温较普通地膜降低了 2.32%~3.80%,差异不显著($P>0.05$),BM60 处理积温较普通地膜降低了 6.15%~6.34%,差异显著($P<0.05$)。拔节期和抽雄期,WM60 处理和 BM60 处理土壤积温较 PM 处理降低了 6.53%~11.83% 和 8.31%~12.55%,较 CK 处理提高了 11.50%~15.26% 和 10.95%~15.51%;灌浆期,WM60 和 BM60 处理土壤积温较 PM 处理降低了 5.33%~7.44% 和 5.57%~7.75%,与抽雄期相比,差异减小,这是因为在灌浆期玉米植株枝繁叶茂,对阳光有遮挡作用,太阳辐照对土壤温度影响减弱,同时大气温度

较高,昼夜温差减小,土壤温度主要受大气温度影响,抽雄期 WM60 和 BM60 处理破损面积逐渐增大,保温效果减弱,土壤积温略大于 CK 处理,差异不显著($P>0.05$);玉米成熟期,PM 处理破损率较小,且透光率较高,土壤积温显著高于其余处理($P<0.05$),WM60、BM60 处理地表无大块地膜,覆盖效果基本消失,和 CK 处理无显著差异。

综上所述,普通塑料地膜覆盖处理全生育期增温效果良好,白色氧化-生物双降解地膜处理在未降解阶段,与普通地膜覆盖处理土壤积温无显著差异,黑色氧化-生物双降解地膜覆盖处理土壤积温显著低于普通塑料地膜覆盖处理($P<0.05$),这是因为黑色地膜透光率低,部分太阳辐射被地膜自身吸收,降低了膜下温度,白色氧化-生物双降解地膜覆盖处理生育期积温较黑色氧化-生物双降解地膜覆盖处理平均提高了 38.06 ℃。

表 4-1　不同类型地膜覆盖处理玉米全生育期土壤积温

年份	处理	土壤积温/℃						较 CK 增加
		苗期	拔节期	抽雄期	灌浆期	成熟期	全生育期	
2016	PM	675.35a	606.50a	442.8a	771.66a	669.46a	3 165.77a	21.34%
	WM60	649.70ab	568.01b	390.42b	730.52b	565.87b	2 904.52b	11.32%
	BM60	632.52b	556.09b	387.21b	728.66b	563.73b	2 868.21b	9.93%
	CK	548.96c	481.33c	334.53c	694.76b	549.47b	2 609.05c	0
2017	PM	636.83a	618.93a	501.26a	796.35a	644.75a	3 198.12a	22.45%
	WM60	622.03ab	560.87b	463.48b	745.67b	536.36b	2 928.41b	12.13%
	BM60	597.69b	552.44b	462.36b	740.24b	536.43b	2 889.16b	10.62%
	CK	505.75c	475.60c	390.67c	715.99b	523.71b	2 611.72c	0
2018	PM	685.76a	617.43a	520.35a	841.18a	614.91a	3 279.63a	19.75%
	WM60	660.88ab	564.24b	469.6b	778.61b	547.64b	3 020.97b	10.30%
	BM60	643.18b	550.94b	466.71b	776.01b	545.5b	2 982.34b	8.89%
	CK	569.97c	484.62c	415.61c	743.46b	525.17b	2 738.83c	0

4.1.2 不同类型地膜覆盖处理玉米生育期土壤温度变化规律

玉米不同生长阶段需要不同的适宜土壤温度,在适宜温度范围内,玉米生长发育良好,快速生长,高于最高温度或低于最低温度会给玉米生长造成不可逆的影响,造成作物减产甚至死亡。侯英雨等[123]采用降雨量和气象指标时间插值算法,构建了日尺度气候适宜度模型,采用东北地区多年春玉米观测资料进行验证,得出了东北地区春玉米发育的最低温度、最适温度和最高温度。如图4-1所示,本书研究3年田间试验采集的土壤温度均在最适温度周围浮动,均未跨越最低温度和最高温度的区间。

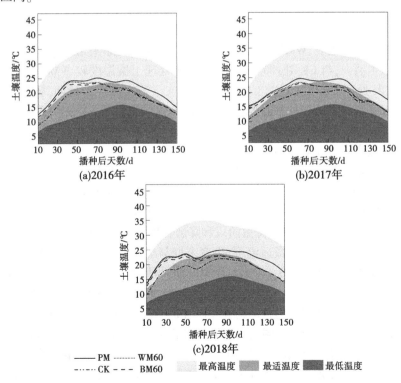

图 4-1 不同类型地膜覆盖处理玉米生育期土壤温度

　　图4-1为不同类型地膜覆盖下玉米全生育期 5~25 cm 土壤温度的变化规律,地膜覆盖处理的土壤温度均高于裸地对照,土壤温度整体呈先增大后减小的趋势,播种至播后 60 d,土壤温度呈上升趋势,播后 70~100 d,土壤温度相对平稳,播后 110 d 至收获,土壤温度逐渐下降。播后 0~30 d,WM60 和 BM60 处理平均土壤温度较 PM 降低了 0.16 ℃ 和 0.90 ℃,较 CK 处理提高 3.78 ℃ 和 3.04 ℃,WM60 处理与 PM 处理差异不显著,BM60 处理与 PM 处理差异显著;播后 31~60 d,WM60 和 BM60 处理平均土壤温度较 PM 降低了 0.76 ℃ 和 1.02 ℃,较 CK 处理土壤温度提高 3.15 ℃ 和 2.89 ℃,PM 处理与 WM60、BM60 处理差异显著,WM60 处理与 BM60 处理差异减小;播后 61~110 d,玉米枝繁叶茂,叶面的遮挡,阻碍了太阳辐射直达地面,此阶段,覆膜增温效果被削弱,WM60 和 BM60 处理平均土壤温度较 PM 降低了 1.40 ℃ 和 1.48 ℃,较 CK 处理地温提高 1.05 ℃ 和 0.97 ℃。玉米进入收获期后,叶片变黄衰败凋零,太阳辐射可直达地表,WM60 和 BM60 裸露地表区域无地膜存在,降解增温效果基本消失,与 CK 处理差异不显著,PM 处理土壤温度较 WM60、BM60 和 CK 处理提高 3.19 ℃、3.35 ℃ 和 3.49 ℃。在玉米生育前期,氧化-生物双降解地膜处理与普通塑料地膜处理增温效果显著;在玉米中、后期,氧化-生物双降解地膜的增温效果随着地膜降解逐渐减弱,与裸地处理土壤温度差异逐渐减小($P<0.05$)。

　　图4-2为不同类型地膜覆盖处理土壤温度与最适温度差值,PM、WM60、BM60 和 CK 处理与最适温度的差值平均值为 1.41 ℃、0.14 ℃、-0.17 ℃ 和-1.37 ℃。普通地膜覆盖处理的土壤温度高于最适温度,氧化-生物双降解地膜在未降解阶段和降解初期,土壤温度高于最适温度,抽雄期和灌浆期低于最适温度,生育末期与最适温度差异不显著,裸地处理在 2018 年播后 30 d 左右与生育末期,与最适温度差异不显著,这是受 2018 年降雨量少且气温持续较高的影响,不影响裸地处理全生育期土壤温度低于最适温度的整体趋势。播后 0~60 d,PM、WM60、BM60 和 CK 处理的土壤温度与最适温度的差值平均值为 1.88 ℃、1.51 ℃、0.86 ℃ 和-1.97 ℃,生育前期增加土壤温度,可促进玉米快速出苗,加速生育进程;播后 61~90 d 是玉米快速生长阶段,需要大量的养分,此阶段所需的最适温度是全生育期最高值,适宜的温度促进了土壤养分的分解,提高了

土壤酶活性,PM、WM60、BM60 和 CK 处理的土壤温度与最适温度的差值平均值为 0.79 ℃、-0.71 ℃、-0.89 ℃和-2.35 ℃,覆膜处理的土壤温度与最适温度差异不显著($P>0.05$);播后 91~120 d 是玉米灌浆期,此阶段仍需要较高温度提高酶的活性,促进淀粉的合成、运输和积累,此阶段 PM、WM60、BM60 和 CK 处理的土壤温度与最适温度的差值平均值为 1.38 ℃、-1.01 ℃、-1.26 ℃和-1.63 ℃;播后 121~150 d,PM、WM60、BM60 和 CK 处理的土壤温度与最适温度的差值平均值为 2.69 ℃、-0.35 ℃、-0.47 ℃和-0.50 ℃,WM60、BM60 和 CK 处理与最适温度差异不显著($P>0.05$),PM 处理土壤温度显著高于最适温度;在生育末期,日夜温差较大,可降低夜晚作物呼吸作用对作物有机质的消耗,促进了玉米有机质积累,但 PM 处理提高了土壤温度,降低了土壤温度的日夜温差,增加了玉米夜晚有机质消耗。

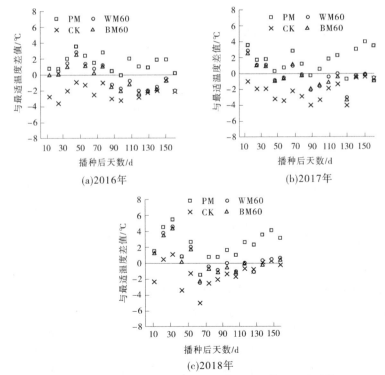

(a)2016年

(b)2017年

(c)2018年

图 4-2 不同类型地膜覆盖处理土壤温度与最适温度差值

　　玉米为喜温作物,在土壤温度较低的生育前期,氧化-生物双降解地膜覆盖为玉米提供了适宜的出苗温度,加快玉米的生育进程;玉米进入快速生长期后,仍需要较高的土壤温度提高土壤酶活性,增加养分分解,为玉米营养生长和生殖生长进行足够的积累,如果高于最适温度,会加快土壤养分的分解,导致过分消耗,生育后期出现早衰和脱肥的现象;玉米成熟期,普通塑料地膜覆盖处理由于地膜覆盖的保温效果,加速了玉米的呼吸作用,消耗了玉米积累的有机质,在一定程度上,会影响玉米籽粒的积累,降低产量。

4.1.3　不同类型地膜覆盖处理玉米生育期土壤温度日变化规律

　　玉米苗期 5~25 cm 土层平均土壤温度日变化规律见图 4-3,土壤温度日变化曲线呈余弦曲线型,最低温度在 8 时,最高温度在 15~16 时,PM、WM60、BM60 和 CK 处理日平均升温幅度分别为 8.22 ℃、8.04 ℃、7.53℃ 和 6.04 ℃,日平均降温幅度分别为 5.57 ℃、5.64 ℃、5.36 ℃ 和5.69 ℃,各处理升温幅度均大于降温幅度,土壤温度逐渐增长。PM 处理平均日最高温度和最低温度分别较 CK 处理高 4.54 ℃ 和 2.79 ℃,WM60处理平均日最高温度和最低温度分别较 CK 处理高 4.01 ℃ 和 1.72 ℃,BM60 处理平均日最高温度和最低温度分别较 CK 处理高 3.51 ℃ 和1.53 ℃。BM60 处理日平均土壤温度较 WM60 处理降低了 0.29 ℃,日最高温度和最低温度降低了 0.50 ℃ 和 0.21 ℃。可见,在苗期,覆盖地膜不仅能够显著增加土壤温度,还能减缓土壤温度的下降速度,普通塑料地膜增温和保温效果与白色氧化-生物双降解地膜差异不显著,白色氧化-生物双降解地膜由于透光率高,增温和保温效果优于黑色氧化-生物双降解地膜。

　　玉米拔节期 5~25 cm 土层土壤温度日变化规律见图 4-4,PM、WM60、BM60 和 CK 处理日平均升温幅度分别为 6.10 ℃、5.70 ℃、5.23 ℃和 4.38 ℃,日平均降温幅度分别为 3.57 ℃、3.57 ℃、3.23 ℃ 和 4.04 ℃,土壤温度继续缓慢增长。土壤温度变化趋势与苗期一致,最低温度出现在 8 时,最高温度出现在 16~17 时,比苗期延后 1 h,PM 处理平均日最高温度和最低温度分别较 CK 处理高 6.21 ℃ 和 3.79 ℃,WM60 处理平均

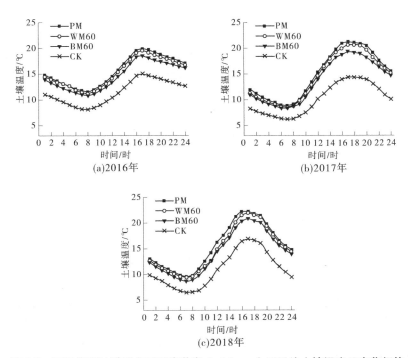

图 4-3 不同类型地膜覆盖下玉米苗期 5~25 cm 土层平均土壤温度日变化规律

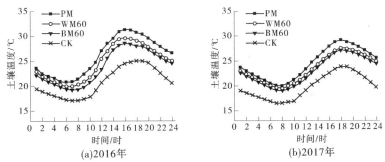

图 4-4 不同类型地膜覆盖下玉米拔节期 5~25 cm 土层平均土壤温度日变化规律

日最高温度和最低温度分别较 CK 处理高 3.97 ℃和 2.93 ℃,BM60 处理平均日最高温度和最低温度分别较 CK 处理高 3.14 ℃和 2.23 ℃。可见,诱导期 60 d 的降解地膜在拔节期开始降解,增温效果降低。

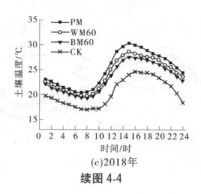

(c)2018年

续图 4-4

玉米抽雄—灌浆期 5~25 cm 土层土壤温度日变化规律见图 4-5，PM、WM60、BM60 和 CK 处理日平均升温幅度分别为 3.09 ℃、2.81 ℃、2.62 ℃和 2.21 ℃，日平均降温幅度分别为 2.84 ℃、2.68 ℃、2.52 ℃和 2.15 ℃，日变幅逐渐减少，土壤温度较稳定。PM 处理平均日最高温度和最低温度分别较 CK 处理高 2.39 ℃和 2.21 ℃，WM60 处理平均日最高温度和最低温度分别较 CK 处理高 1.33 ℃和 1.09 ℃，BM60处理平均日最高温度和最低温度分别较 CK 处理高 0.88 ℃和 0.79 ℃。可见，由于玉米冠层有遮盖效果，太阳辐射不能直达地面，此阶段，地膜覆盖处理较裸地处理增温优势逐渐减弱，黑色氧化-生物双降解地膜与白色氧化-生物双降解地膜处理没有明显差异。

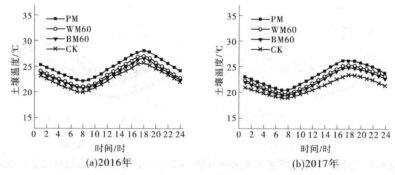

(a)2016年　　　　　　　　　(b)2017年

图 4-5　不同类型地膜覆盖下玉米抽雄—灌浆期 5~25 cm
土层平均土壤温度日变化规律

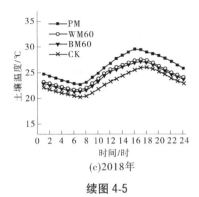

(c)2018年

续图 4-5

玉米成熟期 5～25 cm 土层平均土壤温度日变化规律见图 4-6，PM、WM60、BM60 和 CK 处理日平均升温幅度分别为 2.57 ℃、2.36 ℃、2.34 ℃和 2.11 ℃，日平均降温幅度分别为 2.57 ℃、2.58 ℃、2.47 ℃和 2.19 ℃，土壤温度开始逐渐下降。PM 处理平均日最高温度和最低温度分别较 CK 处理高 3.06 ℃和 2.25 ℃，WM60 处理平均日最高温度和最低温度分别较 CK 处理高 0.63 ℃和 0.46 ℃，BM60 处理平均日最高温度和最低温度分别较 CK 处理高 0.58 ℃和 0.35 ℃，PM 处理平均温度较 WM60 和 BM60 处理高 1.93 ℃和 2.01 ℃。由此可见，成熟期，由于氧化-生物双降解地膜的破损率较大，保温效果消失，氧化-生物双降解地膜覆盖处理下的土壤温度与裸地处理差异不显著。

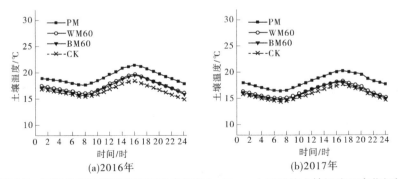

图 4-6　不同类型地膜覆盖下玉米成熟期 5～25 cm 土层平均土壤温度日变化规律

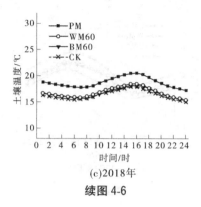

(c)2018年

续图 4-6

表 4-2 为不同类型地膜覆盖处理玉米生育期日最高温度、最低温度的变异系数(C_v),普通地膜覆盖和氧化-生物双降解地膜覆盖在玉米生育前期日增温幅度较大,PM、WM80、BM80、WM100、BM100 处理在苗期和拔节期,WM60 和 BM60 处理在苗期土壤温度日变异系数显著高于 CK 处理;随着玉米的生长发育,冠层对太阳辐射的阻碍作用,抽雄—灌浆期覆膜处理增温效果减弱,土壤温度日变异系数与 CK 处理没有显著差异;成熟期,各处理日增温和降温幅度均降低,土壤温度日变化幅度变小,各处理变异系数差异不明显。

表 4-2　不同类型地膜覆盖处理玉米生育期日最高温度、最低温度变异系数(C_v)

年份	处理	生育期			
		苗期	拔节期	抽雄—灌浆期	成熟期
2016	PM	12.65	14.8	7.4	6.73
	WM60	11.62	13.58	7.92	7.2
	BM60	11.73	13.79	7.58	7.5
	CK	10.69	11.17	7.73	6.47
2017	PM	18.54	12.9	8.46	6.38
	WM60	16.64	11.98	8.4	7.24
	BM60	16.01	12.32	8.37	7.39
	CK	14.11	10.79	7.17	7.2
2018	PM	18.89	13.98	8.91	5.24
	WM60	18.95	13.12	8.32	5.85
	BM60	18.16	12.62	8.47	5.46
	CK	16.33	10.32	8.41	5.23

4.1.4 不同类型地膜覆盖处理玉米生育期土壤剖面温度变化规律

选取 8 时和 16 时作为日最低温度和最高温度的代表时间,做不同类型地膜覆盖处理 5~25 cm 土壤剖面的纵向温度图,受太阳辐射、气候和气温的影响,表层土壤的波动幅度大于深层土壤,如图 4-7 所示。玉米各生育期增温幅度表现为:苗期>拔节期>成熟期>抽雄—灌浆期。8 时,苗期随着土层深度的增大,土壤温度逐渐减小,各处理 10 cm、15 cm、20 cm 和 25 cm 的平均土壤温度与 5 cm 处土壤温度的差值依次为 0.04 ℃、0.23 ℃、0.82 ℃和 1.69 ℃;抽雄—灌浆期 5~25 cm 土壤温度无差异;拔节期和成熟期,15 cm 处土壤温度最高,向两端逐渐降低。在苗期,气温较低,播种后地膜覆盖时间较短,深层土壤增温效果不明显;拔节期,气温逐渐上升但日夜温差较大,土壤温度也随之增加,在气温较低的夜间,土壤温度由深层(较高的土壤温度)传向地表;抽雄—灌浆期,气温较高且日夜温差减小,各土层土壤温度无明显差异;成熟期气温逐渐降低,温度由深层土壤传向地表。

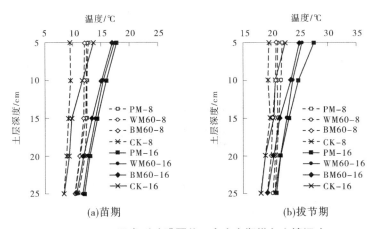

图 4-7 不同类型地膜覆盖玉米生育期纵向土壤温度

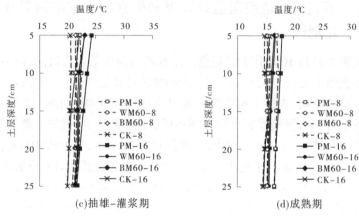

(c)抽雄-灌浆期　　　　　　　(d)成熟期

续图4-7

16时,各处理土壤温度随土层的加深逐渐下降,全生育期各处理5 cm、10 cm、15 cm、20 cm、25 cm土层平均温度较8时依次增加2.91 ℃、1.66 ℃、0.85 ℃、0.42 ℃、0.25 ℃。玉米苗期和拔节期,玉米植株较小,地表受太阳辐射面积大,增温幅度较大,16时5 cm、10 cm、15 cm、20 cm、25 cm土层土壤温度依次较8时增加了4.52 ℃、2.69 ℃、1.28 ℃、0.71和0.42 ℃;玉米生育中后期,5~25 cm土层平均增温幅度为0.49 ℃。玉米植株生长旺盛,植株叶面积的增大阻碍了太阳辐射抵达地表,且此阶段气温较高,昼夜温差较小,土壤增温幅度减小。

4.2 不同诱导期氧化-生物双降解地膜对土壤温度的影响

4.2.1 不同诱导期氧化-生物双降解地膜覆盖处理对玉米生育期土壤积温的影响

2016~2018年不同诱导期氧化-生物双降解地膜覆盖处理全生育期5~25 cm土层土壤积温如表4-3所示。苗期,白色氧化-生物双降解地膜积温较黑色氧化-生物双降解地膜积温提高了3.10%,黑色地膜透光率低,部分热量被地膜自身吸收,降低了膜下温度。拔节期和抽雄期,WM60 和 BM60 处理开始降解,土壤积温较 WM100 和 BM100 处理降低了 7.53%~11.83% 和 8.31%~12.55%,WM80 和 WM100 处理、BM80 和 BM100 处理土壤积温与差异不显著。灌浆期,WM60 和 BM60 处理土壤积温较 WM100 和 BM100 处理降低了 5.34%~7.44% 和 5.58%~7.75%,与抽雄期相比,差异减小,这是因为在灌浆期玉米植株枝繁叶茂,对阳光有遮挡作用,太阳辐照对土壤温度影响减弱,同时大气温度较高,昼夜温差减小,土壤温度主要受大气温度影响,WM80 处理和 BM80 处理开始降解,土壤积温较 WM100 和 BM100 处理降低了 5.42% 和 6.19%,差异不显著。玉米成熟期,氧化-生物双降解地膜均有不同程度的破损,WM60、BM60 处理地表无大块地膜,覆盖效果基本消失,WM80 和 WM100 处理土壤积温较 WM60 处理提高了 4.54%、3.88%,BM80 和 BM100 处理土壤积温较 BM60 处理提高了 6.69% 和 6.38%。

综上所述,氧化-生物双降解地膜处理在未降解阶段,不同诱导期处理土壤温度无显著差异,随着生育期的推进,地膜降解程度不同,差异显著,诱导期 100 d 的氧化-生物双降解地膜生育期土壤积温较诱导期 60 d 和 80 d 提高了 3.62% 和 1.71%。

表 4-3 不同诱导期氧化-生物双降解地膜覆盖处理玉米生育期土壤积温

单位:℃

处理	苗期	拔节期	抽雄期	灌浆期	成熟期	全生育期
WM60	660.88a	564.24b	469.60b	778.61b	547.64a	3 020.97ab
BM60	643.18b	550.94b	466.71b	776.01b	545.50a	2 982.34b
WM80	668.49a	598.79a	481.11a	795.63b	550.16a	3 094.18ab
BM80	645.28b	579.42a	471.87a	789.15b	546.35a	3 032.07ab
WM100	663.19ab	597.89a	501.90a	813.91a	562.81a	3 139.70a
BM100	642.17b	582.42a	492.51a	814.99a	560.98a	3 093.07ab

4.2.2　不同诱导期氧化-生物双降解地膜覆盖处理玉米生育期土壤温度日变化规律

不同诱导期氧化-生物双降解地膜覆盖下玉米生育期 5~25 cm 土层土壤温度日变化规律见图 4-8。玉米苗期,氧化-生物双降解地膜均未降解,WM100 和 WM80 处理平均土壤温度较 WM60 处理高 0.22 ℃ 和 0.17 ℃,较相同条件下的黑色氧化-生物双降解地膜高 0.18 ℃ 和 0.23 ℃,差异不显著($P>0.05$)。

玉米拔节期,WM60 和 BM60 处理进入诱导期,开始降解,WM80、WM100、BM80 和 BM100 处理在拔节期未诱导降解,其中 WM100 处理平均土壤温度较 WM60 处理高 1.71 ℃,BM100 处理平均土壤温度较 BM60 处理高 1.68 ℃。可见,诱导期 60 d 的降解地膜在拔节期开始降解,增温效果降低;不同降解速率氧化-生物双降解地膜因为降解程度不同,土壤温度逐渐出现差异。

玉米抽雄—灌浆期,WM100 和 WM80 处理平均土壤温度较 WM60 处理高 1.08 ℃ 和 0.82 ℃,相同条件下的黑色降解地膜温差为 1.14 ℃ 和 1.07 ℃。可见,由于玉米冠层的遮盖效果,太阳辐射不能直达地面,地膜覆盖处理增温和保温效果减弱,黑色氧化-生物双降解地膜与白色氧化-生物双降解地膜处理没有明显差异。

玉米成熟期,WM100 和 WM80 处理平均地温较 WM60 处理高 1.7 ℃ 和 0.65 ℃,BM100 和 BM80 处理平均地温较 BM60 处理高 1.67 ℃ 和 0.74 ℃,不同诱导期氧化-生物双降解地膜处理之间土壤温差逐渐增大,最早降解的 WM60 和 BM60 处理增温效果消失,WM100 和 BM100 处理仍有增温效果,因为在生育后期,诱导期 100 d 的氧化-生物双降解地膜在裸露地表上的地膜破碎成网状后仍紧贴地表,与浅层覆土的地膜形成密闭空间,仍具有一定的增温效果。

表 4-4 为氧化-生物双降解地膜覆盖处理玉米生育期日最高温度、最低温度变异系数(C_v),氧化-生物双降解地膜覆盖在玉米生育前期日增温幅度较大,随着玉米的生长发育,冠层对太阳辐射产生阻碍作用,抽雄—灌浆期覆膜处理增温效果减弱;成熟期,各处理日增温和降温幅度

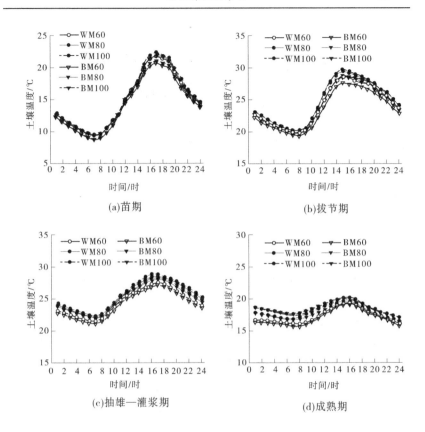

图 4-8　不同诱导期氧化-生物双降解地膜覆盖下玉米生育期

5~25 cm 土层土壤温度日变化规律

均降低,土壤温度日变化幅度变小,各处理变异系数差异不明显。

表 4-4　不同诱导期地膜覆盖处理玉米生育期日最高温度、最低温度变异系数(C_v)

处理	生育期			
	苗期	拔节期	抽雄—灌浆期	成熟期
WM60	18.95	13.12	8.32	5.85
BM60	18.16	12.62	8.47	5.46
WM80	18.73	13.03	8.54	5.9
BM80	18.3	13.18	8.48	5.79
WM100	18.34	13.55	8.45	5.91
BM100	17.78	13.27	8.82	5.76

4.3 不同类型地膜覆盖对土壤水分动态变化特征的影响

4.3.1 不同类型地膜覆盖处理土壤水分时空分布

土壤含水率是在大气条件、种植方式和作物耗水等因素的作用下,随时间和空间(土壤深度)不断发生变化的动态土壤环境因子。本书利用土壤湿度自动采集仪连续监测土壤含水率,并绘制出土壤含水率等值线图,能够直观地描绘出玉米全生育期内 0~90 cm 土层的水分变化过程与规律。

图 4-9~图 4-11 分别为 2016 年、2017 年和 2018 年不同地膜覆盖下种植单位在不同空间位置上的土壤含水率变化等值线图。由图中可看出,土壤含水率大小受土层土壤质地的影响,40~60 cm 土层土壤质地为黏土,含水率高于其余土层,60~100 cm 土层为砂土层,含水率较低。距滴灌带 60 cm 处(宽行行间)土壤含水率变化主要受降雨影响发生波动。距滴灌带 0 cm 和 17.5 cm 处土壤含水率变化受作物根系吸水、降雨、灌溉和地膜降解程度的影响显著。覆膜显著提高了 0~30 cm 土层土壤含水率。随着生育期的推进,土壤水分消耗逐渐向深层土壤推进,氧化-生物双降解地膜降解后,不同地膜覆盖处理表现出不同的变化趋势。

在玉米生育前期,滴灌带、距滴灌带 17.5 cm、距滴灌带 60 cm 处 3 年平均土壤储水量 WM60 处理分别较 PM 处理降低了 0.43%、0.16%、0.19%,较 CK 处理提高了 12.67%、9.77%、2.15%,BM60 处理较 PM 处理降低了 0.68%、0.44%、0.14%,较 CK 处理提高了 14.42%、9.49%、2.10%,覆膜处理不同位置的土壤储水量均高于裸地处理,这是因为氧化-生物双降解地膜在玉米生育前期未降解,同时玉米植株较小,太阳辐射直达地面,地表蒸发量大,覆盖地膜有效抑制了膜下位置的土壤水分蒸发,起到了较好的保水作用。玉米抽雄—灌浆期,作物耗水量大,此阶段土壤储水量降到了全生育期最低值。PM 处理在降

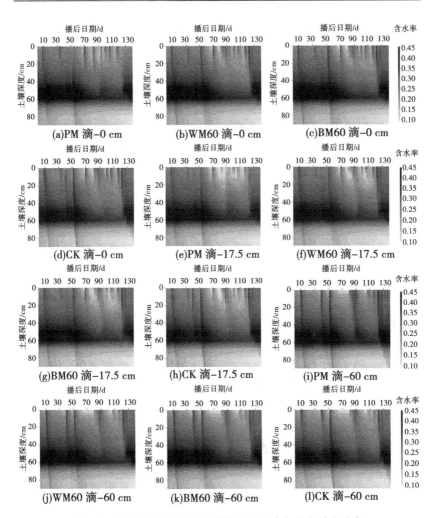

图 4-9 2016 年不同类型地膜覆盖下土壤含水率时空分布

雨较少的年份(2016 年 52.2 mm,2018 年 69.6 mm)滴灌下土壤储水量
较 WM60 和 BM60 处理降低了 18.71%~20.47%,距滴灌带 17.5 cm 处
土壤储水量降低了 7.25%~10.04%,距滴灌带 60 cm 处因覆膜产生径
流,覆膜区雨水均流入未覆膜区,土壤储水量较 WM60 和 BM60 处理提
高了 7.82%~11.72%;PM 处理在降雨偏多的年份(2017 年 196.8 mm)

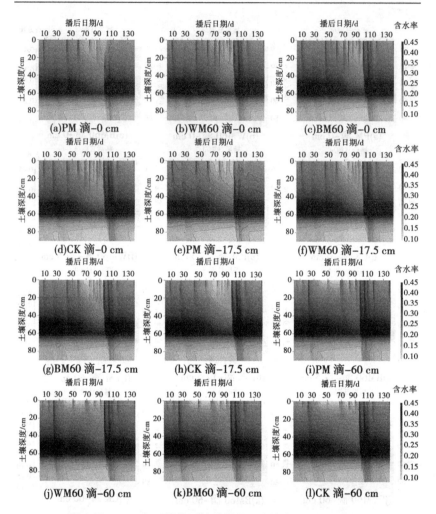

图 4-10　2017 年不同类型地膜覆盖下土壤含水率时空分布

滴灌带下土壤储水量较 WM60 和 BM60 处理降低了 9.52%～10.96%,距滴灌带 17.5 cm 处土壤储水量降低了 3.99%～4.85%,降雨量较大情况下,增加了雨水的侧向传输。氧化-生物双降解地膜在此阶段已经降解,有效利用了该阶段的降雨,WM60 和 BM60 处理滴灌带下位置 3 年平均土壤储水量较 CK 处理提高了 5.89% 和 5.12%,距滴灌带 17.5

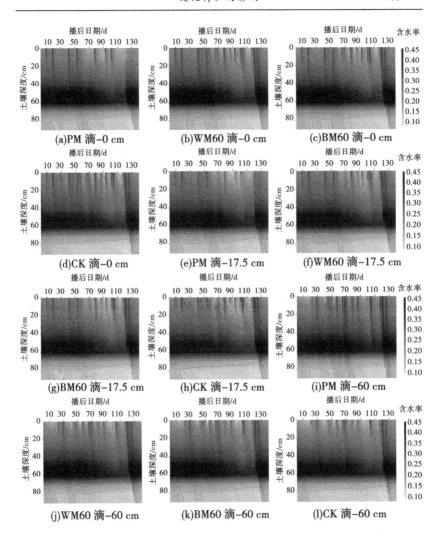

图4-11 2018年不同类型地膜覆盖下土壤含水率时空分布

cm 处提高了 3.85% 和 3.05%，距滴灌带 60 cm 处差异不显著（$P >$ 0.05）。在玉米生育末期，WM60 和 BM60 处理膜下区域土壤储水量较 PM 处理提高了 3.16% 和 3.22%，未覆膜区域降低了 4.28% 和 4.31%，与 CK 处理土壤含水率无显著差异（$P > 0.05$）。这是因为生育后期，氧化-生物双降解地膜破损率较大,保水效果基本消失,同时该阶段玉米逐渐衰老并停止生长,土壤水分补给以降雨为主,普通塑料地膜覆盖阻碍了降雨直接入渗到覆膜区域。

4.3.2　不同类型地膜覆盖处理土壤水分时空分布回归方程的构建与分析

　　土壤水分在初始动力及后续动力(例如研究期间的降水、灌水、蒸散等)的作用下,随着时间的推移,在空间上要通过运动来寻求平衡,所以土壤水分时空变化的等值线应当比较圆滑,且呈现出某种规律性。实测土壤水分因为观测误差不可避免及某些次要因素的干扰得到的等值线图常出现弯度变化过多、过大等问题,回归法可以抵消或排除这些问题,回归方程中包含土壤水分变化动态规律的信息。因此,把"时间等值线法"与回归法相结合,取二者之长,可获得理想的效果[124]。不同类型地膜覆盖处理的土壤含水率受降雨量影响较大,2017 年降雨量大且分布不均,2018 年降雨量较少,2016 年降雨量与平水年代表年最接近,为了使结果更具有代表性,本书选取 2016 年普通塑料地膜(PM)、黑色氧化-生物双降解地膜(BM60)以及裸地对照(CK) 3 种处理进行土壤含水率时空动态变化的总体趋势分析。

　　具体做法是求出以深度(D, mm)和时间(T, d)为自变量,以土壤水分观测值(SWC)为因变量,包括一次交互项的二元一次、二元二次和二元三次 3 个回归方程,相关系数最高的回归方程是一次交互项的二元三次回归方程[125]。所选方程如下

$$SWC = a + bT + cD + dT^2 + eD^2 + fT^3 + gD^3 + hTD \qquad (4-1)$$

式中:a 为常数项系数;b、c 为一次项系数;d、e 为二次项系数;f、g 为三次项系数;h 为交互项。

　　各回归方程的判定系数 R^2 均大于 0.6,P 小于 0.01,能够较好地描绘相应处理土壤含水率的时空变化特征,其中覆膜区域判定系数最高的是 PM 处理,BM60 次之,而距滴灌带较远的未覆膜区 BM60 处理判定系数最高,PM 处理最低。

表 4-5 回归方程系数

处理	a	b	c	d	e	f	g	h	R^2	P
PM-0 cm	0.228 0	0.001 2	0.003 0	-0.000 039 1	0.000 042 6	0.000 000 22	-0.000 000 98	-0.000 002 06	0.645 7	<0.01
BM60-0 cm	0.224 0	0.001 8	0.003 0	-0.000 048 5	0.000 041 2	0.000 000 27	-0.000 000 95	-0.000 005 31	0.618 1	<0.01
CK-0 cm	0.216 3	0.001 4	0.003 0	-0.000 041 5	0.000 039 4	0.000 000 24	-0.000 000 92	-0.000 005 47	0.613 3	<0.01
PM-17.5 cm	0.211 6	0.001 5	0.003 9	-0.000 050 9	0.000 027 4	0.000 000 28	-0.000 000 92	-0.000 000 03	0.657 4	<0.01
BM60-17.5 cm	0.218 5	0.002 1	0.002 8	-0.000 059 0	0.000 049 1	0.000 000 32	-0.000 001 03	-0.000 002 51	0.620 7	<0.01
CK-17.5 cm	0.210 2	0.001 6	0.003 0	-0.000 048 7	0.000 044 4	0.000 000 28	-0.000 000 98	-0.000 003 52	0.614 2	<0.01
PM-60 cm	0.193 1	0.001 0	0.005 4	-0.000 027 9	0.000 003 8	0.000 000 17	-0.000 000 69	-0.000 008 89	0.636 6	<0.01
BM60-60 cm	0.189 5	0.001 4	0.005 7	-0.000 037 1	0.000 014 0	0.000 000 21	-0.000 000 62	-0.000 007 52	0.645 0	<0.01
CK-60 cm	0.183 2	0.001 2	0.005 4	-0.000 033 0	-0.000 009 8	0.000 000 19	-0.000 000 63	-0.000 006 97	0.641 7	<0.01

　　PM 和 BM60 处理的常数项系数均高于 CK 处理,说明在生育前期,PM 和 BM60 处理的土壤含水率高于 CK 处理。回归方程中自变量系数的正负决定着土壤含水率随土壤深度和时间变化的趋势,系数绝对值的大小决定其对土壤含水率的影响程度。各处理回归方程中自变量 T 的各项系数绝对值均小于自变量 D,这说明时间对土壤水分的影响小于土壤深度,这是因为试验台不同土层土壤质地不同,田间持水量与凋萎系数范围不同,这与实际测定情况基本相符。由距滴灌带 0 cm 处和 17.5 cm 处回归方程可知,除自变量 T 和 D 的一次项为正值,D 的二次项与 T 的三次项为正值外,其余二次项、三次项和交互项均为负值,且一次项系数绝对值均明显大于二次项系数绝对值,二次项系数绝对值又明显高于三次项系数绝对值。距滴灌带 60 cm 处(未覆膜区)的回归方程除自变量 D 二次项系数为负值外,其余各项与其余方程一致,这表明,PM、BM60 和 CK 处理土壤含水率在该区域随时间的递进呈"增大—下降—增加"的动态变化趋势,随土层深度的增加呈先增加后下降的动态变化趋势,未覆膜区的回归曲线方程二次项系数均为负值,减缓了曲线增大和降低的幅度。

　　通过分析回归方程可以看出土壤含水率随时空变化的总体趋势。根据上述各处理回归方程,设置时间范围为 140 d,土壤深度为 0~90 cm,土壤含水率步长设定为 0.5 d。利用回归方程式(4-1)绘制土壤含水率时空分布回归等值线图,如图 4-12 所示,线条基本平顺,弯曲度小,符合土壤水分的动态变化规律。

　　土壤含水率由上向下先增加后减小,40~60 cm 土层形成了高水分区,这与该土层的土壤质地为黏土层有关,黏土饱和导水率较小,田间持水量大,因此全生育期该土层含水率高于其他土层。玉米生育前期(0~60 d)水分等值线波动幅度较小,CK 处理 0~60 cm 土壤含水率低于 PM 和 WM60 处理。随着玉米生长发育及其需水量的不断增加,各处理 0~60 cm 土层水分等值线变得密集,高水分区域消失,说明土壤水分的消耗速率加快,PM 处理距滴灌带 0 cm 和 17.5 cm 处的水分等值线较 WM60 和 CK 处理更为密集,膜外区域较为稀疏,说明 PM 处理覆膜区域土壤水分的消耗较快,土壤含水率在灌浆期(90~120 d)降至最低。随着玉米需水量的降低和降雨量的增加,生育后期耗水量降低,0~40 cm 土层和 60~

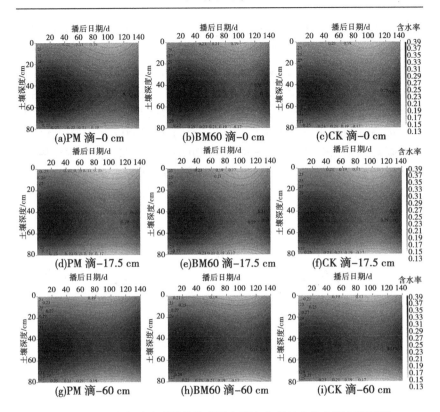

图 4-12   不同类型地膜覆盖处理下土壤含水率时空分布回归等值线

80 cm 土层水分等值线均向高水分方向凸起,土壤水分渐增加。

4.3.3   不同诱导期氧化-生物双降解地膜覆盖玉米生育期土壤储水量变化

玉米生育期土壤储水量变化能反映出不同覆盖条件下种植单元的储水能力,图 4-13 为 2016~2018 年不同诱导期氧化-生物双降解地膜覆盖对玉米生育期 0~100 cm 土壤储水量的影响。2016~2018 年土壤储水量变化规律相似,播种后 0~50 d,氧化-生物双降解地膜均未降解,WM60、WM80 和 WM100 处理土壤储水量差异不显著($P>0.05$),播后 60 d 左右,WM60 降解破损,破损区域土壤直接与大气接触,覆盖区的土壤水分蒸发较 WM80 和 WM100 处理增大,此阶段 WM60 处理的土壤平均储水量为255.71 mm,较WM80处理和WM100处理降低了5.65%和7.37%,差异显著($P>0.05$)。播种80 d后,WM80处理开始降解,土壤储水量分别较未降解的WM100处理降低8.46%。播种后100 d,WM100处理开始降解,WM60破损率较高,增加了覆盖区蒸发的同时也增加了雨水利用,WM80处理在此阶段开始进入快速降解期,也可提高降雨利用。在干旱年份,可选择诱导期100 d左右的氧化-生物双降解地膜,解决白色污染的同时也可保证地膜覆盖的保水作用;在水文年型为平水年的年份,可选择诱导期60~80 d的氧化-生物双降解地膜,保证生育前期保温保墒效果的同时,增加后期雨水利用效率。

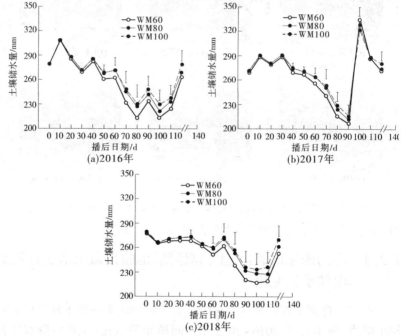

(a)2016年　　(b)2017年

(c)2018年

注:图中误差棒表示$P<0.05$水平上的最小显著差数(LSD)。

图4-13　不同诱导期氧化-生物双降解地膜覆盖生育期0~100 cm土层储水量

4.3.4 不同诱导期氧化-生物双降解地膜覆盖土壤水分剖面变异特征

在2016~2018年玉米生育期内,通过TDR管监测土壤含水率数据的统计分析,不同诱导期的氧化-生物双降解地膜覆盖处理土壤水分随深度变化的变异系数如图4-14所示,受降雨、灌水、土壤质地和地膜破损率的影响,玉米生育期土壤水分变异系数随土壤深度的增加呈先减小后增加的趋势,WM60、WM80、WM100处理0~40 cm土层的变异系数分别为21.36%、19.86%、18.70%,60~100 cm土层的变异系数分别为15.06%、14.78%、13.30%,变系系数较0~40 cm土层显著降低。从整体来看,诱导期越长,土壤水分稳定性越高。

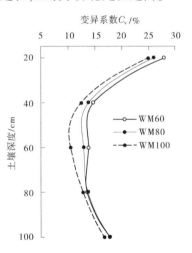

图4-14 不同诱导期氧化-生物双降解地膜覆盖处理土壤水分变异系数

4.3.5 不同类型地膜覆盖对降雨利用效率的影响

为了解氧化-生物双降解地膜覆盖在不同破损率条件下对不同降雨量的保蓄和消耗的影响效应,根据试验区2016~2018年降雨信息和国家气象局颁布的降雨强度等级划分标准(内陆部分),选择表4-6中

9 次降雨进行分析。

表 4-6　不同时间降雨量及降雨分级

雨量级别	中雨			大雨			暴雨		大暴雨
日期 (年- 月-日)	2017- 07-07	2018- 07-25	2017- 08-23	2018- 07-04	2016- 07-27	2018- 08-11	2016- 08-29	2016- 06-28	2017- 08-04
降雨量/mm	11.6	13	12.8	20	23.6	24.6	45.8	54.6	122

4.3.5.1　中雨

在滴灌模式下,玉米根系主要分布在距滴灌带 0~35 cm 内,本书研究该区域雨水蓄积量与降雨量的比值,记作降雨有效利用率,雨前 1 d 的土壤含水率取雨前 4 h 平均值,降雨当天取雨后 0~4 h 土壤含水率平均值,雨后 2 d 取雨后 48~52 h 的平均值。

2017 年 7 月 7 日(播后 68 d,DAS 为 day after sowing 简称)降雨 11.6 mm,中雨级别,氧化-生物双降解地膜 WM60 和 BM60 处理的破损率为 9.51% 和 10.28%。雨前 PM、WM60、BM60 处理 0~90 cm 土层平均含水率较 CK 处理(22.74%)分别高 4.08%、3.95%、3.87%。PM、WM60、BM60 和 CK 处理降雨当天 0~90 cm 土层平均含水率分别增加 4.18%、5.45%、5.68% 和 7.12%;PM 处理膜下位置没有雨水渗入,膜外雨水最大入渗深度为 25 cm,WM60 和 BM60 处理膜下 Ⅰ 区位置雨水最大入渗深度为 10 cm,Ⅱ 区和 Ⅲ 区地膜无雨水渗入,膜外最大入渗深度为 15 cm,CK 处理由于地表无阻碍,雨水最大入渗深度均为 10 cm;WM60 和 BM60 处理有效降雨利用率为 46.05% 和 47.61%,较 PM 处理提高 58.89% 和 57.50%,较 CK 处理降低了 20.06%、24.13%。

雨后 2 d,距滴灌带 0~35 cm 区域,PM、WM60、BM60 和 CK 处理分别消耗了 1.74 mm、3.30 mm、3.55 mm 和 4.74 mm 的土壤水分,WM60 和 BM60 处理的消耗较 PM 处理增加了 47.27% 和 50.99%,较 CK 处理减少了 43.63% 和 33.52%。距滴灌带 36~60 cm 区域,PM、WM60、BM60 和 CK 处理消耗了 2.51 mm、1.88 mm、1.92 mm 和 1.78 mm,WM60

和 BM60 处理的消耗较 PM 处理减少了 33.51%和 27.42%,较 CK 处理
增加了 5.32%和 9.64%。

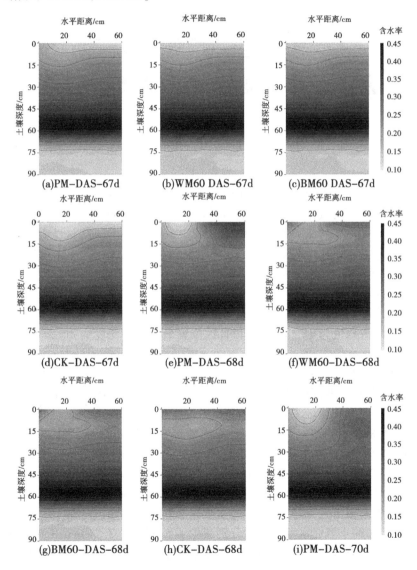

图 4-15　不同类型地膜覆盖处理降雨 11.6 mm 前后土壤含水率动态变化

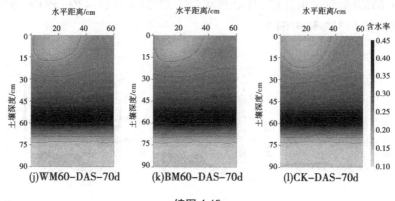

(j)WM60–DAS–70d　　(k)BM60–DAS–70d　　(l)CK–DAS–70d

续图 4-15

如图 4-16 所示,对玉米 2018 年 7 月 25 日降雨 13 mm(中雨)进行分析,此阶段,氧化-生物双降解地膜 WM60 和 BM60 处理的破损率为 22.83% 和 24.71%。雨前,PM、WM60、BM60 处理 0~90 cm 土层平均含水率较 CK 处理(24.24%)高 4.32%、1.48%、2.08%。PM、WM60、BM60 和 CK 处理降雨当天 0~90 cm 土层平均含水率分别增加 3.99%、5.82%、5.89% 和 6.71%;PM 处理膜下位置没有雨水渗入,膜外雨水最大入渗深度为 30 cm,WM60 和 BM60 处理膜下 I 区位置雨水最大入渗深度为 15 cm,II 区和 III 区位置最大入渗深度为 10 cm,膜外最大入渗深度为 20 cm,CK 处理距滴灌带 0~35 cm 区域最大入渗深度为 10 cm,距滴灌带 36~60 cm 位置最大入渗深度均为 15 cm;WM60 和 BM60 处理有效降雨利用率为 50.60% 和 51.09%,WM60 和 BM60 处理有效降雨利用率较 PM 处理提高 59.33% 和 59.72%,较 CK 处理降低了 11.88%、10.80%。雨后 2 d,距滴灌带 0~35 cm 区域,PM、WM60、BM60 和 CK 处理分别消耗了 1.91 mm、4.06 mm、4.17 mm 和 5.45 mm,WM60 和 BM60 处理的消耗较 PM 处理增加了 52.95% 和 54.20%,较 CK 处理减少了 34.23% 和 30.69%。距滴灌带 36~60 cm 区域为未覆盖区,水分消耗方式主要是土壤蒸发,PM、WM60、BM60 和 CK 处理的土壤储水量较雨后分别减少了 5.45 mm、3.74 mm、3.61 mm 和 3.59 mm,WM60 和 BM60 处理的消耗较 PM 处理减少了 45.72% 和 50.97%,与 CK 处理差异不显著($P>0.05$)。

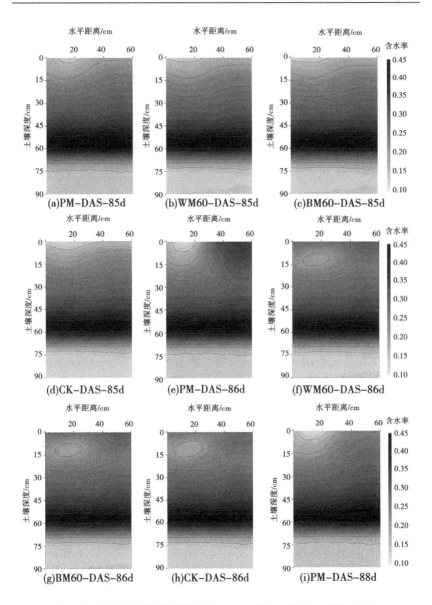

图 4-16　不同类型地膜覆盖降雨 13 mm 前后土壤含水率动态变化

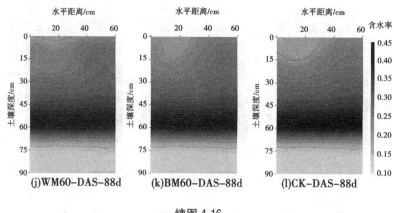

续图 4-16

　　2017 年 8 月 23 日降雨 12.8 mm(见图 4-17),此阶段,氧化-生物双降解地膜 WM60 和 BM60 处理的破损率为 39.57% 和 42.48%,雨前,PM、WM60、BM60 处理 0～90 cm 土层平均含水率较 CK 处理(28.60%)低3.66%、0.74%、0.28%。降雨当日,PM、WM60、BM60 和 CK 处理 0～90 cm 土层平均含水率较雨前分别增加 3.20%、4.99%、5.05% 和 5.16%,PM 处理膜下位置没有雨水渗入,膜外雨水最大入渗深度为 30 cm;WM60 和 BM60 处理膜下 I 区位置雨水最大入渗深度为 15 cm,II 区和 III 区位置最大入渗深度为 10 cm,膜外最大入渗深度为 15 cm,CK 处理最大入渗深度为 15 cm,WM60 和 BM60 处理有效降雨利用率为 51.20% 和 52.41%,WM60 和 BM60 处理有效降雨利用率较 PM 处理提高了 61.43% 和 62.32%,较 CK 处理降低了 9.12%、6.60%。雨后 2 d,距滴灌带 0～35 cm 区域,PM、WM60、BM60 和 CK 处理分别消耗了 1.22 mm、3.48 mm、3.56 mm 和 4.02 mm 的土壤水分,WM60 和 BM60 处理的消耗较 PM 处理增加了 64.94% 和 65.73%,较 CK 处理减少了 15.51% 和 12.92%。距滴灌带36～60 cm 区域为未覆盖区,水分消耗主要是土壤蒸发,PM、WM60、BM60 和 CK 处理的土壤储水量较雨后分别减少了 5.70 mm、3.70 mm、3.94 mm 和 3.82 mm,WM60 和 BM60 处理的消耗较 PM 处理减少了 54.05% 和 44.67%,与 CK 处理差异不显著(*P*>0.05)。

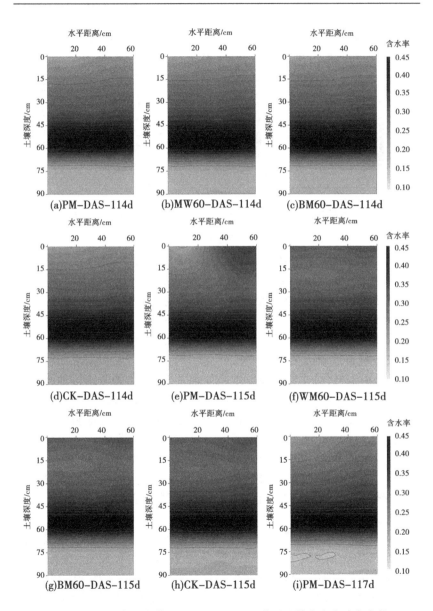

图 4-17　不同类型地膜覆盖降雨 12.8 mm 前后土壤含水率动态变化

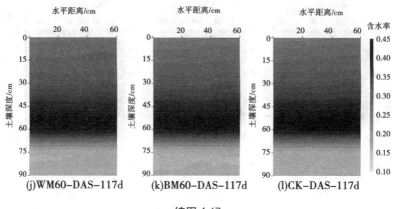

(j)WM60-DAS-117d　　(k)BM60-DAS-117d　　(l)CK-DAS-117d

续图 4-17

中雨条件下,氧化-生物双降解地膜破损率越大,膜下区域雨水入渗深度越深。随着地膜破损率的增大,降雨有效利用率逐渐增大,较普通塑料地膜增幅也逐渐增大,与裸地处理的差异逐渐减小。氧化-生物双降解地膜的破损率达到 42.48% 时,降雨有效利用率较 PM 处理提高了 62.31%,较 CK 降低了 6.60%。雨后 2 d,距滴灌带 0~35 cm 区域,普通塑料地膜因为破损率较小,减少了土壤蒸发和雨水的侧向入渗,消耗小于氧化-生物双降解地膜处理。氧化-生物双降解地膜处理土壤水分消耗,随地膜的破损率增大,较 PM 处理增加的消耗量也逐渐增大;CK 处理由于无覆盖,消耗大于氧化-生物双降解地膜处理。距滴灌带 36~60 cm 区域为未覆盖区,PM 处理由于覆膜造成的径流效应,该区域土壤含水率高于其余处理,增加土壤水分的无效蒸发,氧化-生物双降解地膜随着破损率的增大,消耗与 CK 处理的差异逐渐减小,破损率达到 22.83% 时,与 CK 处理差异不显著($P>0.05$)。

4.3.5.2　大雨

2018 年 7 月 4 日降雨 20 mm(见图 4-18),此阶段,氧化-生物双降解地膜 WM60 和 BM60 处理的破损率为 7.97% 和 9.82%。雨前,PM、WM60、BM60 处理 0~90 cm 土层平均含水率较 CK 处理(25.30%)分别高 5.38%、4.94%、4.74%。PM、WM60、BM60 和 CK 处理降雨当天 0~90 cm 土层平均含水率分别增加 5.12%、5.92%、6.11% 和 9.25%;PM 处理距滴灌带 17.5~35 cm 区域雨水入渗深度为 20 cm,膜外雨水入渗最大深度为

35 cm,WM60 和 BM60 处理膜下 I 区位置雨水入渗最大深度为 15 cm,II
区和 III 区地膜雨水最大入渗深度为 10 cm,膜外入渗深度为 25 cm,CK
处理由于地表无阻碍,最大入渗深度均为 20 cm。WM60 和 BM60 处理有
效降雨利用率为 30.66% 和 31.64%,差异不显著。WM60 和 BM60 处理
有效降雨利用率较 PM 处理提高了 39.27% 和 41.15%,较 CK 处理降低
了 39.30%、34.99%。雨后 2 d,距滴灌带 0~35 cm 区域,WM60、BM60 处
理分别消耗了 4.52 mm、4.69 mm 的土壤水分,WM60 和 BM60 处理的消
耗较 PM 处理增加了 60.18% 和 61.62%,较 CK 处理减少了 30.53% 和
25.79%。距滴灌带 36~60 cm 区域,WM60、BM60 处理消耗了 3.89 mm、
4.02 mm,WM60 和 BM60 处理的消耗较 PM 处理减少了 72.75% 和
67.16%,较 CK 处理增加了 2.82% 和 5.97%。

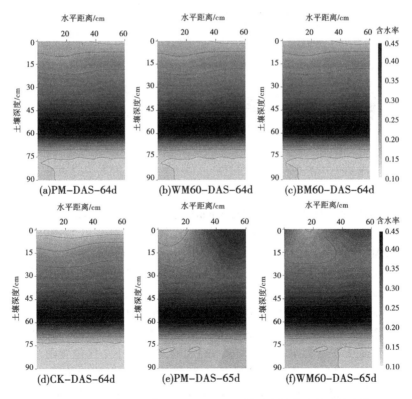

图 4-18 不同类型地膜覆盖降雨 20 mm 前后土壤含水率动态变化

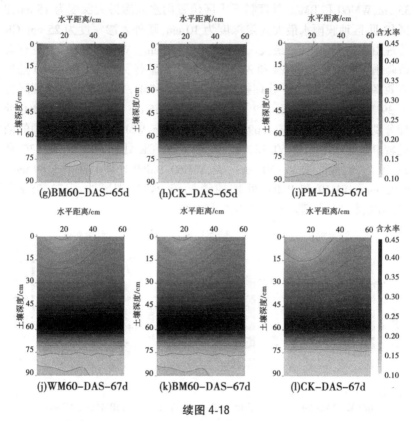

续图 4-18

2016 年 7 月 27 日降雨 23.6 mm(见图 4-19),此阶段,氧化-生物双降解地膜 WM60 和 BM60 处理的破损率为 18.81% 和 21.32%。雨前,PM、WM60、BM60 处理 0～90 cm 土层平均含水率较 CK 处理(22.62%)分别提高 2.54%、0.23%、0.68%。PM、WM60、BM60 和 CK 处理降雨当天 0～90 cm 土层平均含水率较雨前分别增加 4.95%、7.29%、7.23% 和 9.07%,PM 处理膜下距滴灌带 0～17.5 cm 区域没有雨水渗入,距滴灌带 17.5～35 cm 区域雨水入渗深度为 20 cm,膜外雨水入渗最大深度为 40 cm,WM60 和 BM60 处理膜下 I 区位置雨水入渗最大深度为 15 cm,II 区和 III 区地膜雨水最大入渗深度为 10 cm,膜外入渗深度为 25 cm,CK 处理距滴灌带 0～35 cm 区域最大入渗深度为 15

cm,距滴灌带 36~60 cm 位置最大入渗深度均为 25 cm,WM60 和 BM60
处理有效降雨利用率为 41.88% 和 42.06%,WM60 和 BM60 处理有效
降雨利用率较 PM 处理提高了 49.30% 和 50.16%,较 CK 处理降低了
13.61%、11.69%。雨后 2 d,距滴灌带 0~35 cm 区域,WM60、BM60 处
理分别消耗了 5.35 mm、5.34 mm 的土壤水分,WM60 和 BM60 处理的
消耗较 PM 处理增加了 93.64% 和 93.63%,较 CK 处理减少了 14.95%
和 15.16%。距滴灌带 36~60 cm 区域为未覆盖区,水分消耗方式主要
是土壤蒸发,WM60、BM60 处理消耗了 4.63 mm、4.65 mm,WM60 和
BM60 处理的消耗较 PM 处理减少了 73.22% 和 72.47%,较 CK 处理增
加了 3.45% 和 3.87%。

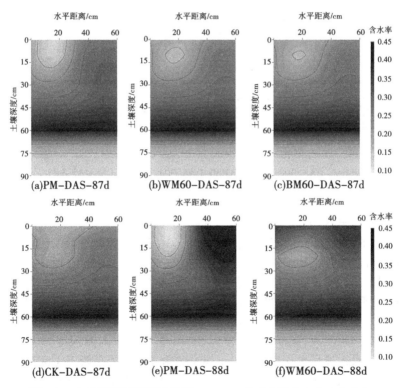

图 4-19 不同类型地膜覆盖降雨 23.6 mm 前后土壤含水率动态变化

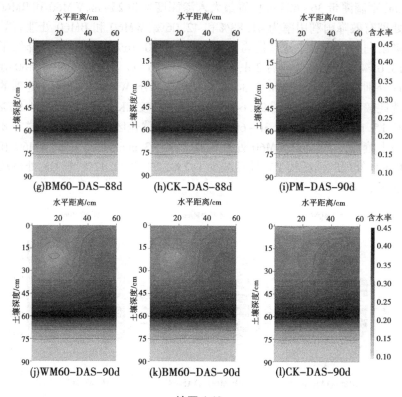

续图 4-19

　　2018 年 8 月 11 日降雨 24.6 mm(见图 4-20),氧化-生物双降解地膜 WM60 和 BM60 处理的破损率为 39.03%和 41.71%。雨前,CK 处理 0~90 cm 土层平均含水率为 22.83%,PM、WM60、BM60 处理 0~90 cm 土层平均含水率较 CK 处理提高 5.05%、0.72%、0.33%。PM、WM60、BM60 和 CK 处理降雨当天 0~90 cm 土层平均含水率较雨前分别增加 5.35%、8.91%、9.50%和 9.73%,PM 处理膜下距滴灌带 0~17.5 cm 区域没有雨水渗入,距滴灌带 17.5~35 cm 区域雨水入渗深度为 30 cm,膜外雨水入渗最大深度为 45 cm,WM60 和 BM60 处理膜下 Ⅰ 区和 Ⅱ 区位置雨水入渗最大深度为 30 cm,膜下 Ⅲ 区与膜外雨水最大入渗深度为 25 cm,CK 处理最大入渗深度为 25 cm,WM60 和 BM60 处理有效降雨利用率为 40.99%和 41.51%,差异不显著。WM60 和 BM60 处理有

效降雨利用率较 PM 处理提高了 50.40% 和 51.02%,较 CK 处理降低
了 4.92%、3.90%,差异不显著。

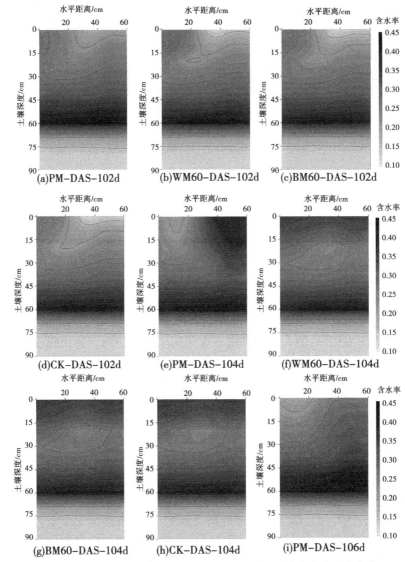

图 4-20　不同类型地膜覆盖降雨 24.6 mm 前后土壤含水率动态变化

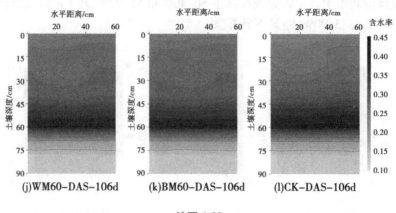

(j)WM60-DAS-106d　　(k)BM60-DAS-106d　　(l)CK-DAS-106d

续图 4-20

雨后 2 d,距滴灌带 0~35 cm 区域,WM60、BM60 处理分别消耗了 4.62 mm、4.78 mm 土壤水分,WM60 和 BM60 处理的消耗较 PM 处理增加了 46.54% 和 48.33%,较 CK 处理减少了 13.85% 和 10.04%。距滴灌带 36~60 cm 区域为未覆盖区,水分消耗方式主要是土壤蒸发,WM60、BM60 处理消耗了 2.92 mm、2.91 mm,WM60 和 BM60 处理的消耗较 PM 处理减少了 131.51% 和 132.30%,较 CK 处理增加了 6.51% 和 6.19%。

综上所述,与中雨条件下土壤破损率相近情况对比,大雨条件下降雨入渗深度更深,但大雨的降雨有效利用率低于中雨。降雨强度较大时,地膜破损区的表层土壤达到饱和状态后,雨水不能及时向深层土壤入渗,会形成地表径流,流入未覆膜区,减少入渗至覆膜区的降雨有效利用率。同时,降雨有效利用率还受雨前土壤含水率大小和分布的影响,雨前土壤含水率越低,降雨入渗土层越浅,含水率越高,降雨入渗土层越深;土壤含水率相近情况下,如果降雨前覆膜区域土壤含水率高于未覆膜区域,雨水会优先垂直入渗,减少向覆膜区的侧向运移,如在玉米耗水强度较高的生育阶段,未覆膜区土壤含水率高于覆膜区,会增加雨水侧向运移,增加降雨有效利用率。雨后 2 d,种植单元不同位置的土壤水分消耗量也随着降雨量的增大而增加,未覆膜区土壤水分向覆膜区域的侧向入渗量增加。随着氧化-生物双降解地膜破损率逐渐增大,侧向入渗逐渐减小。

4.3.5.3　暴雨

2016 年 6 月 28 日降雨 54.6 mm(见图 4-21),氧化-生物双降解地膜 WM60 和 BM60 处理的破损率为 1.97%和 2.47%。雨前,CK 处理 0~90 cm 土层平均含水率为 25.13%,PM、WM60、BM60 处理 0~90 cm 土层平均含水率较 CK 处理高 4.50%、4.52%、4.36%。PM、WM60、BM60 和 CK 处理降雨当天 0~90 cm 土层平均含水率较雨前分别增加 11.77%、12.62%、12.94%和 18.01%,PM 处理膜下距滴灌带 0~17.5 cm 区域没有雨水渗入,距滴灌带 17.5~35 cm 区域雨水入渗深度为 50 cm,膜外雨水入渗深度大于 90 cm;WM60 和 BM60 处理膜下 Ⅰ 区位置雨水入渗最大深度为 20 cm, Ⅱ 区和 Ⅲ 区地膜雨水最大入渗深度为 20 cm,膜外入渗深度为 90 cm,CK 处理最大入渗深度为 60 cm,WM60 和 BM60 处理有效降雨利用率为 27.06%和 28.23%,WM60 和 BM60 处理有效降雨利用率较 PM 处理提高 29.15%和 32.09%,较 CK 处理降低了 64.56%、57.74%。雨后 2 d,距滴灌带 0~35 cm 区域,PM、WM60、BM60 和 CK 处理分别消耗了-1.46 mm、-0.71 mm、-0.61 mm 和 5.39 mm 的土壤水分。距滴灌带 36~60 cm 区域,PM、WM60、BM60 和 CK 处理消耗了 8.63 mm、8.89 mm,WM60 和 BM60 处理的消耗较 PM 处理减少了 20.85%和 16.14%,较 CK 处理增加了 45.88%和 47.99%。

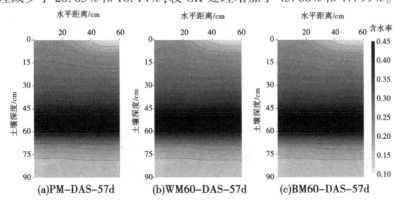

图 4-21　不同类型地膜覆盖降雨 54.6 mm 前后土壤含水率动态变化

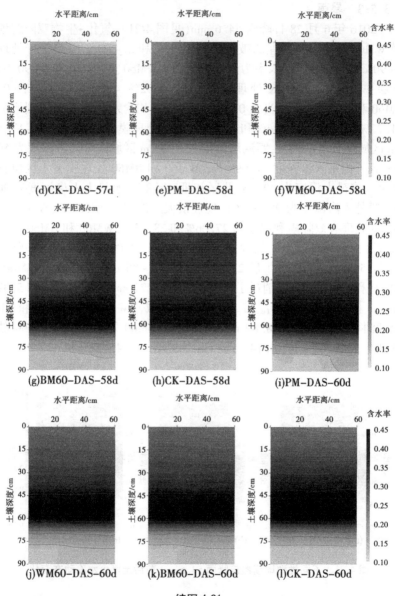

续图 4-21

2016 年 8 月 29 日降雨 45.8 mm(见图 4-22),氧化-生物双降解地膜 WM60 和 BM60 处理的破损率为 35.89% 和 37.46%。雨前,CK 处理 0~90 cm 土层平均含水率为 21.12%,PM、WM60、BM60 处理 0~90 cm 土层平均含水率较 CK 处理提高 7.25%、1.43%、1.72%。PM、WM60、BM60 和 CK 处理降雨当天 0~90 cm 土层平均含水率较雨前分别增加 10.37%、15.65%、15.97% 和 15.93%,PM 处理膜下距滴灌带 0~17.5 cm 区域没有雨水渗入,距滴灌带 17.5~35 cm 区域雨水入渗深度为 30 cm,膜外雨水最大入渗深度为 60 cm,WM60、BM60 和 CK 处理雨水最大入渗深度为 50 cm,WM60 和 BM60 处理有效降雨利用率为 43.98% 和 44.01%,WM60 和 BM60 处理有效降雨利用率较 PM 处理提高 52.77% 和 52.81%,较 CK 处理降低了 7.30%、7.23%。雨后 2 d,距滴灌带 0~35 cm 区域,PM、WM60、BM60 和 CK 处理分别消耗了 -1.89 mm、1.27 mm、1.30 mm 和 1.81 mm 的土壤水分。距滴灌带 36~60 cm 区域,PM、WM60、BM60 和 CK 处理消耗了 5.21 mm、1.39 mm、1.36 mm 和 1.11 mm,WM60 和 BM60 处理的消耗较 PM 处理减少了 20.85% 和 16.14%,较 CK 处理增加了 20.14% 和 18.38%。

综上所述,在暴雨条件下,雨后的最大入渗深度为 60 cm,氧化-生物双降解地膜处理的破损率在 35.89%~37.46%,降雨有效利用率为 43.98%~44.01%,破损率在 1.97%~2.47%,降雨有效利用率为 27.06%~28.23%,且随着破损率增大显著增加。雨后 2 d,距滴灌带 0~35 cm 区域,普通塑料地膜覆盖处理的水分消耗为负值,说明雨水不断向覆膜区发生侧向运移。

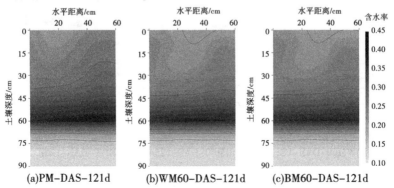

图 4-22   不同类型地膜覆盖降雨 45.8 mm 前后土壤含水率动态变化

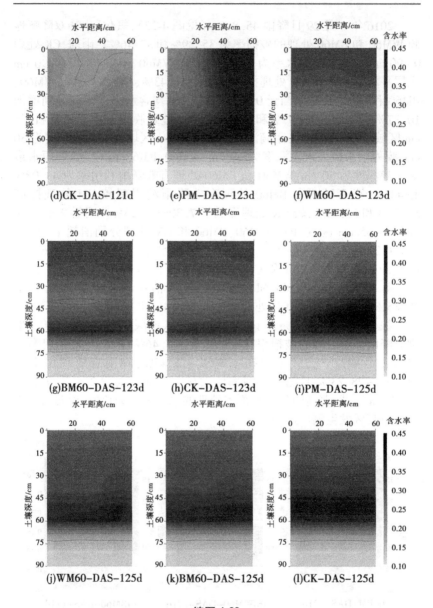

续图 4-22

4.3.5.4　大暴雨

2017 年 8 月 4 日降雨 122 mm(见图 4-23),氧化-生物双降解地膜 WM60 和 BM60 处理的破损率为 30.17% 和 32.46%。雨前,CK 处理 0～90 cm 土层平均含水率为 20.21%,PM、WM60、BM60 处理 0～90 cm 土层平均含水率较 CK 处理高 7.25%、1.43%、1.72%。PM、WM60、BM60 和 CK 处理降雨当天 0～90 cm 土层平均含水率较雨前分别增加 32.27%、44.47%、44.20% 和 48.27%,PM 处理膜下距滴灌带 0～17.5 cm 区域雨水最大入渗深度为 20 cm,距滴灌带 17.5～35 cm 区域和膜外雨水入渗深度超过 90 cm,WM60、BM60 和 CK 处理雨水最大入渗深度为 75 cm,WM60 和 BM60 处理有效降雨利用率为 32.36% 和 32.13%,WM60 和 BM60 处理有效降雨利用率较 PM 处理提高 15.82% 和 15.22%,较 CK 处理差异不显著(P>0.05)。

雨后 2 d,距滴灌带 0～35 cm 区域,PM、WM60、BM60 和 CK 处理分别消耗了-4.46 mm、7.83 mm、8.89 mm 和 8.12 mm 的土壤水分。距滴灌带 36～60 cm 区域为未覆盖区,PM、WM60、BM60 和 CK 处理消耗了 10.26 mm、5.09 mm、4.91 mm 和 4.76 mm,PM 处理发生深层渗漏,0～90 cm 土层的消耗显著大于其余处理。

在大暴雨条件下,覆膜对降雨入渗已无明显阻碍作用,此时,氧化-生物双降解地膜破损率在 30.17%～32.46%,与裸地处理降雨入渗无显著差异。雨后 2 d 各处理的降雨入渗明显超过 90 cm 土层,发生深层渗漏。

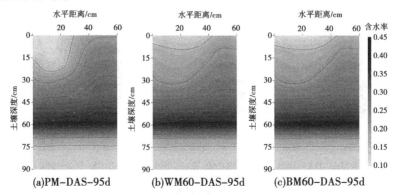

图 4-23　不同类型地膜覆盖降雨 122 mm 前后土壤含水率动态变化

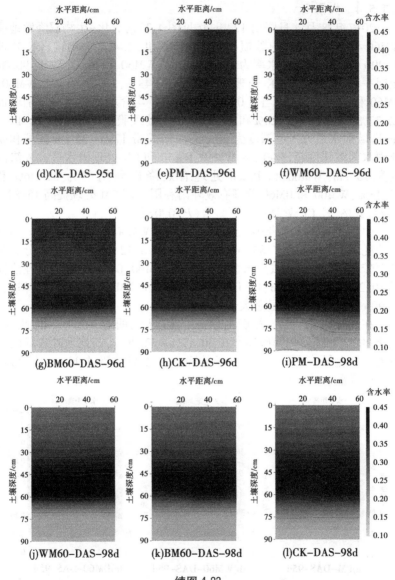

续图 4-23

4.3.6　降雨有效入渗率回归方程的构建与分析

利用降雨量、氧化–生物双降解地膜破损率和降雨有效入渗率数据,进行多元线性回归拟合,采用 SigmaPlot 18 软件分别输入降雨量和破损率的一次项、乘积项、平方项及对应的降雨有效入渗率值,得到降雨量(x)和地膜破损率(y)对玉米降雨有效入渗率(z)的回归模型方程如下:

$$\left. \begin{array}{c} z = 54.716\,7 - 2.258\,0x + 1.429\,7y + 0.031\,0x^2 - 0.023\,8y^2 + 0.045xy \\ R^2 = 0.959\,1, P < 0.01 \end{array} \right\}$$

(4-2)

由回归方程中自变量系数可以看出,自变量 x(降雨量)的各项系数绝对值均大于自变量 y(破损率),说明降雨有效入渗率受降雨量的影响大于破损率;降雨量的二次项为正值,表明随着降雨量的增大,覆膜区的降雨有效入渗率先减小后增加,这是由于降雨量较小时,雨水可直接从破损区入渗至土壤,随着降雨量的增加,覆膜区雨水不能及时由破损区入渗至土壤,会形成地表径流流入未覆膜区,降低了降雨有效入渗率,当降雨量持续增加时,未覆膜区域土壤含水率饱和后增加侧向运移,降雨有效入渗率会逐渐增大;破损率的二次项为负值,这表明随着生育期的推进,可降解地膜的破损率逐渐增加,覆膜区的降雨有效入渗率先增大再减小,这是由于玉米在抽雄—灌浆期耗水量大,造成覆膜区域土壤含水率较低,受土水势的影响,促进了未覆膜区雨水的侧向入渗。

通过分析回归方程可分析出降雨有效入渗率随降雨量和破损率变化的整体趋势,设定降雨量范围为 1~84 mm,步长为 2.8 mm;破损率为 1%~55%,步长为 1.8%,代入上述回归方程绘制 3D 曲面图(见图 4-24),可更加直观、鲜明地分析降雨有效入渗率。

由图 4-24 中可以看出,降雨量在 24~37 mm,降雨有效入渗率最小,随着破损率增加,取得最小降雨有效入渗率的降雨量逐渐减小。当破损率为 1%时,降雨有效入渗率最小值对应降雨量为 35.69 mm;当破损率为 15.53%时,降雨有效入渗率最小值对应降雨量为 25 mm;当破损率为 36.64% 时,降雨有效入渗率最小值对应降雨量为 10 mm。因此,当降雨量达到中雨降雨强度、地膜破损率大于 36.64% 时,降雨有效入渗率会逐渐增大;当达到大雨降雨强度、地膜破损率大于 15.53% 时,降雨有效入渗率会逐渐增大;当降雨量大于 35.69 mm 时,覆膜对降雨有效入渗率的影响会逐渐减小;当降雨量达到 89.21 mm 后,地膜覆盖不再影响覆膜区的降雨利用。

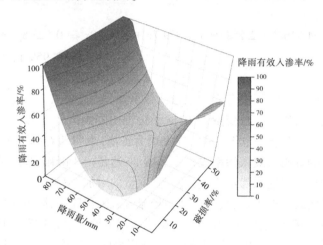

图 4-24　降雨量、破损率对降雨有效入渗率的影响

本书研究在 3 年试验期间降雨 56 次,其中降雨量大于 25 mm 的次数仅占 7 次,因为在西辽河平原区降雨主要以小雨和中雨为主。因此,建议在 7 月中下旬,进入雨季时,降解膜的破损率要达到 36.64%。

4.4　讨论与结论

地膜覆盖通过减少土壤水分蒸发和改变地表辐射来改善田间小气候,地膜覆盖栽培可以显著提高表层地壤温度和土壤水分,可降解地膜在未降解阶段的增温保墒效果与普通塑料地膜相似,后期降解效果降低[73]。申丽霞等[126]以两种不同厂家生产的可降解地膜为研究对象,以普通塑料地膜覆盖和裸地栽培为对照,对不同降解地膜的田间应用效果做了进一步研究,结果表明,在玉米播种至拔节期可降解地膜 T 具有较好地增温、保温作用,在生育中期作用较弱,而在玉米播种至大喇叭口期可降解地膜 H 具有较好的土壤增温、保温作用且其作用与普通地膜相当。康虎等[127]在实验室自制了可生物降解地膜并对其保温、保墒作用时间进行了研究,结果表明可生物降解地膜的保温、保墒作用时间主要在玉米生长的前期和中期,且保温、保墒作用效果分别可维持 50 d 和 70 d,可以满足作物生长期的需求。胡宏亮等[58]研究了同一厂家生产的 5 种生物可降解地膜的保温效果,结果显示全部 5 种可降解地膜对提高不同土层地壤温度均有显著的效果,而其中 2 种生物可降解地膜与普通塑料地膜在整体保温效果上差异性不显著。李仙岳等[71]研究不同降解速率的白色和黑色可降解地膜表明,地膜降解速率影响破损占比,从而影响土壤温度的空间变异性和地膜保温效果,慢速降解膜由于降解缓慢,破损小,故保温效果与塑料地膜覆盖相当,而在 9 月,0~15 cm 土层 WO1(白色快速)、WO2(白色中速)、WO3(白色慢速)处理与 WP(白色普通地膜)的温差分别为 3.03 ℃、1.98 ℃和 0.33 ℃,而相应的黑色降解地膜覆盖处理的温差分别为 3.00 ℃、1.99 ℃和 0.43 ℃,分析原因可能是不同厂家生产的可降解地膜的制备工艺、材料配比等不同,从而可降解地膜在田间的作用效应有所差别。

本书研究结果表明,白色氧化-生物双降解地膜在未降解阶段 5~25 cm 土层土壤积温与普通塑料地膜差异不显著,覆膜时间越长,土壤积温越高,相同降解速率的白色氧化-生物双降解地膜处理 5~25 cm 土层土壤积温高于黑色氧化-生物双降解地膜处理。在玉米生育前期,氧化-生物双降解地膜处理土壤增温效果良好,与普通塑料地膜处理土壤增温效果相似,均显著高于 CK 处理,但覆盖黑色氧化-生物双降解地膜增温效果低于白色地膜,差异显著;在玉米中后期,氧化-生物双降解地膜的增温效果随着地膜降解逐渐消失,与 PM 处理温度差异显著。

本书研究了玉米不同生育期土壤温度日变化规律,研究结果表明,玉米 5~25 cm 土层平均土壤温度日变化曲线呈余弦曲线型,苗期土壤最低温度在 8 时,最高温度在 15~16 时,PM 处理平均日最高温度、最低温度分别较 CK 处理高 4.54 ℃、2.79 ℃,WM60 处理平均日最高温度、最低温度分别较 CK 处理高 4.01 ℃、1.72 ℃,BM60 处理平均日最高温度、最低温度分别较 CK 处理高 3.51 ℃、1.53 ℃。WM100 和 WM80 处理平均温度较 WM60 处理高 0.22 ℃和 0.17 ℃,较相同条件下的黑色氧化-生物双降解地膜产量高 0.18 ℃和 0.23 ℃。在苗期,普通塑料地膜处理的增温、保温效果略优于氧化-生物双降解地膜处理,且差异不显著,说明覆盖地膜不仅能够显著增加温度,还能减缓温度的下降速度。玉米拔节期,PM 处理平均日最高温度、最低温度较 CK 处理分别高 6.21 ℃、3.79 ℃,WM60 处理平均日最高温度、最低温度较 CK 处理分别高 3.97 ℃、2.93 ℃,BM60 处理平均日最高温度、最低温度较 CK 处理分别高 3.14 ℃、2.23 ℃,随着降解地膜在拔节期开始诱导降解,增温效果降低;玉米抽雄—灌浆期,PM 处理平均日最高温度、最低温度较 CK 处理分别高 2.39 ℃、2.21 ℃,WM60 处理平均日最高温度、最低温度较 CK 处理分别高 1.33 ℃、1.09 ℃,BM60 处理平均日最高温度、最低温度较 CK 处理分别高 0.88 ℃、0.79 ℃。由此可见,由于玉米冠层的遮盖效果,太阳辐射不能直达地面,此阶段,地膜覆盖处理较裸地处理的增温和保温优势逐渐减弱,而相同降解速率的黑色、白色氧化-生物双降解地膜处理增温和保温效果没有明显差异。玉米成熟期,PM 处理平均温度较 WM60、WM80 和 WM100 处理分别高 1.93 ℃、0.88 ℃和 0.23 ℃,较 BM60、BM80 和 BM100 处理分别高 2.01 ℃、1.05 ℃和 0.31 ℃,由此可见,随着氧化-生物双降解地膜的逐渐降解以及破损率的逐渐增大,不同降解速率的氧化-生物双降解地膜处理之间温差逐渐增大。在成熟期,最早降解的 WM60 和 BM60 处理保温效果与 CK 处理没有明显差异,普通塑料地膜处理与 WM100 和 BM100 处理保温效果相当,这可能是因为生育后期,地膜紧贴地表,较小的破损对温度影响较弱。

　　本书还研究了 5~25 cm 的纵向温度,选取 8 时和 16 时作为日最低温度和最高温度的代表时间,各生育期增温幅度表现为:苗期>拔节期>成熟期>抽雄—灌浆期。8 时,苗期不同土层温度随着距地表距离的增大,温度逐渐降低;抽雄—灌浆期,5~25 cm 温度无差异;拔节期和成熟期,距地表 15 cm 处温度最高,并向两端逐渐降低;16 时,各处理温度随土层的加深,土壤温度逐渐下降,各土层温度均高于相同深度 8 时的温度。PM 处理向深层土壤传递温度能力最强,土壤温度增幅最大,WM60、BM60 处理的增温幅度在玉米生育前期与 PM 处理差异不显著,降解后增温效果逐渐降低,至成熟期,地膜崩裂成碎片,增温效果与 CK 处理差异不显著。主要原因可能是,在苗期,气温较低,播种后地膜覆盖时间较短,深层土壤增温效果不明显;拔节期,气温逐渐上升但日夜温差较大,土壤温度也随之增加,在气温较低的夜间,土壤温度由深层土壤层传向地表;抽雄—灌浆期,气温较高且日夜温差减小,各土层温度无明显差异;成熟期气温逐渐降低,土壤温度由深层土壤传向地表。

张杰等[76]研究结果表明,相较于对照处理,覆盖生物降解地膜的集雨处理不仅能有效增加 0～60 cm 土层土壤含水率,而且对 60～120 cm、120～200 cm 土层土壤储水量的影响显著,并与 PM 处理的差异不明显,随着时间的推移,生物降解地膜 0～60 cm 土层土壤储水量较普通地膜降低 5%左右,但到生育后期两者 0～60 cm 土层储水量没有差异。乔海军等[56]研究认为,在玉米生长前期,生物降解地膜与普通地膜保墒效果并无显著性差异,而随着玉米生长至中后期,生物降解地膜逐渐降解破裂,土壤含水率显著低于普通地膜,但至玉米成熟收获期,生物降解地膜覆盖和普通地膜覆盖处理间又无显著差异。Chen N 等[114]研究表明,当生物降解地膜破损率达到 38.4%时,土壤含水率才会与普通塑料地膜覆盖处理产生显著差异,随着生物降解地膜的降解,雨水可以直接入渗到土壤中,雨后土壤含水率显著高于普通塑料地膜,差异主要表现在 0～20 cm 土层。Saglam[113]对作物生育后期的可降解地膜研究也得到了类似的结论。

Xu 等[1]指出,在充足的降雨条件下,覆膜的保墒效果不明显甚至降低了土壤含水率;在雨水较少的干旱年份,覆膜有助于减少蒸发,提高土壤含水率。本书研究也得到了与前人类似的结论,即在玉米生育前期,与普通塑料地膜覆盖处理相比,氧化-生物双降解地膜覆盖处理的土壤含水率差异性不显著,而在玉米生育中后期的大部分时期,氧化-生物双降解地膜覆盖处理的 0～100 cm 土壤储水量显著降低且差异性显著,但遇降雨天气,此阶段氧化-生物双降解地膜覆盖处理的土壤储水量会出现高于普通塑料地膜处理的情况或与普通塑料地膜处理差异不显著。

本书采用水分自动检测仪连续监测滴灌带下(膜下)、玉米行间(膜下,距滴灌带 17.5 cm)和宽行行间(膜外,距滴灌带 60 cm)3 个位置 0～100 cm 土壤含水率。研究发现,土壤含水率变化主要受降雨、灌水和蒸腾作用的影响,在玉米生育前期,普通塑料地膜覆盖处理和氧化-生物双降解地膜处理土壤含水率均高于裸地处理,这是因为此阶段玉米植株较小,太阳辐射直达地面,地表蒸发量大,覆盖地膜可以有效抑制距滴灌带 35 cm 范围内的土壤表层水分蒸发,起到很好的保水作用。玉米抽雄期至灌浆期,作物耗水量大,此阶段土壤含水率降到了全生育期最低值,距滴灌带下的土壤含水率排序为:氧化-生物双降解地膜处理>CK 处理>PM 处理。降雨量越少的年份,各处理差异越大,随着降雨量增大,处理间差异减小,这与宋幽静等[129]研究结论一致。在玉米生育末期,WM60 和 BM60 处理与 CK 处理土壤含水率无显著差异($P>0.05$),PM 处理膜下土壤含水率较 CK 处理降低了 2.74%,未覆膜区域土壤含水率较 CK 处理提高了 4.28%,这是因为该阶段玉米逐渐衰老并停止生长,灌水量减少,土壤水分补给以降雨为主,普通塑料地膜覆盖阻碍了降雨直接入渗到覆膜区域。为更加直观地观测土壤水分的动态变化规律,采用回归等值线法进行研究,结果表明,玉米生育前期(0～60 d),水分等值线波动幅度较小,CK 处理 0～60 cm 土壤含水率低于 PM 和 WM60 处理。随着玉米生长发育及其需水量的不断增加,各处理 0～60 cm 土层水分等值线变得密集,高水分区域消失,说明土壤水分的消耗速率加快,PM 处理距滴灌带 0 cm 和 17.5 cm 处的水分等值线较 WM60 和 CK 处理更为密集,膜外区域较为稀疏,说明 PM 处理覆膜区域土壤水分的消耗较快,土壤含水率在灌浆期(90～120 d)降至最低。随着玉米需水量的降低和降雨量的增加,生育后期耗水量降低,0～40 cm 土层和 60～80 cm 土层水分等值线均向高水分方向凸起,土壤水分逐渐增加。

　　宋幽静等[129]对膜下滴灌的降雨入渗研究表明,与无膜滴灌处理相比,膜下滴灌入渗量及湿润锋运移速率均有所降低,增加雨量或雨强,则会削弱地膜覆盖引起的差异。刘战东等[130]对普通塑料地膜覆盖下降雨前后的冬小麦土壤含水率分布和降雨土壤蓄积量进行了研究,结果表明,相较于 CK 处理,PM 处理土壤含水率在降雨前有所升高,在降雨后则相反,甚至降雨后 40~60 cm 土层土壤含水率出现低于土壤初始含水率的情况,地膜覆盖在雨后不能有效增加土壤水分,反而因其强烈的蒸腾作用而使作物拔节后期土壤水分处于较低水平。王俊等[131]对冬小麦的研究也得到了类似结论。因此,建议在播后 40~60 d 揭膜,提高生育后期的水分利用效率,保证产量的提高。

　　为了进一步探究氧化-生物双降解地膜的降雨利用,本书研究对 3 年生育期内降雨量按照国家气象局颁布的降雨强度等级划分标准(内陆部分)进行分级别分析,氧化-生物双降解地膜破损率越大,膜下区域雨水入渗深度越深,降雨有效利用率逐渐增大,较普通塑料地膜增幅也逐渐增大,与裸地处理的差异逐渐减小。雨后 2 d,距滴灌带 0~35 cm 区域,普通塑料地膜因为破损率较小,减少了土壤蒸发和雨水的侧向入渗,消耗小于氧化-生物双降解地膜处理,氧化-生物双降解地膜处理土壤水分消耗,随地膜的破损率增大,较 PM 处理增加的消耗量也逐渐增大,CK 处理由于无覆盖,消耗大于氧化-生物双降解地膜处理。距滴灌带 36~60 cm 区域为未覆盖区,PM 处理由于覆膜造成径流效应,该区域土壤含水率高于其余处理,增加了土壤水分的无效蒸发,氧化-生物双降解地膜随着破损率的增大,消耗与 CK 处理的差异逐渐减小。降雨强度较大时,地膜破损区的表层土壤达到饱和状态后,雨水来不及从入渗形成地表径流,流入未覆膜区,减少入渗至覆膜区的降雨有效利用率,同时降雨有效利用率还受雨前土壤含水率的大小和分布的影响,雨前土壤含水率越低,降雨入渗土层越浅,含水率越高,降雨入渗土层越深;土壤含水率相近情况下,如果降雨前覆膜区域土壤含水率高于未覆膜区域,雨水会优先垂直入渗,减少向覆膜区的侧向运移,如在玉米耗水强度较高的生育阶段,未覆膜区土壤含水率高于覆膜区,会增加雨水侧向运移,增加降雨的有效利用率。雨后 2 d,种植单元不同位置的土壤水分消耗量也随着降雨量的增大而增加,未覆膜区土壤水分向覆膜区域的侧向入渗量增加。随着氧化-生物双降解地膜破损率逐渐增大,侧向入渗逐渐减小。

4.5 小 结

(1)白色氧化-生物双降解地膜覆盖处理在未降解阶段 5~25 cm 土层土壤积温与普通塑料地膜差异不显著,黑色氧化-生物双降解地膜覆盖处理积温较普通塑料地膜降低了 5.07%,差异显著($P<0.05$);与裸地处理相比,氧化-生物双降解地膜处理增温效果主要体现在苗期至抽雄期,占积温总增加量的 67.1%~72.5%,随着氧化-生物双降解地膜的破损率增加,增温效果逐渐减弱。

(2)普通地膜覆盖处理、白色氧化-生物双降解地膜覆盖处理、黑色氧化-生物双降解地膜覆盖处理和裸地处理与最适温度差值的平均值为 1.41 ℃、0.14 ℃、-0.17 ℃和-1.37 ℃。普通地膜覆盖处理全生育期温度均高于最适温度,氧化-生物双降解地膜在未降解阶段和降解初期,土壤温度高于最适温度,抽雄期和灌浆期低于最适温度,生育末期与最适温度差异不显著,裸地处理全生育期温度均低于最适温度。

(3)不同深度土层的温度差异受太阳辐射、大气温度和地表覆盖物的影响。日间 16 h,热量由表层向深层传递,上层温度高于深层土壤;日间 8 h,经过夜间降温,0~25 cm 土层温度无显著差异。PM 处理日间增温幅度大于其余处理,WM60 和 BM60 处理降解后,储存热量能力减弱,在成熟期与 CK 处理差异不显著。

(4)氧化-生物双降解地膜处理在未降解阶段,不同诱导期处理温度无显著差异,随着生育期的推进,氧化-生物双降解地膜降解程度差异显著,诱导期 100 d 的氧化-生物双降解地膜生育期土壤积温较诱导期 60 d 和 80 d 处理增加了 3.62%和 1.71%。

(5)地膜覆盖显著提高了覆膜区域 0~20 cm 土层含水率,随着生育期的推进,土壤水分消耗逐渐向深层土壤推进;氧化-生物双降解地膜降解后,不同地膜覆盖处理不同位置土壤水分受降雨和蒸发的影响表现出不同的变化趋势。玉米抽雄—灌浆期,普通塑料地膜覆盖处理和氧化-生物双降解地膜处理膜下区域的平均土壤含水率较 CK 处理提高 7.54% 和 4.48%。在玉米生育末期,普通塑料地膜覆盖处理膜下土壤含水率较 CK 处理低 2.74%,未覆膜区域土壤含水率较 CK 处理提高 4.28%,WM60 和 BM60 处理与 CK 处理土壤含水率无显著差异($P>$0.05)。

(6)采用回归等值线法对土壤水分时空变化研究发现,玉米生育前期(0~60 d),水分等值线波动幅度较小,CK 处理 0~60 cm 土壤含水率低于 PM 和 WM60 处理。随着玉米生长发育及其需水量的不断增加,各处理 0~60 cm 土层水分等值线变得密集,高水分区域消失,说明土壤水分的消耗速率加快,PM 处理距滴灌带 0 cm 和 17.5 cm 处的水分等值线较 WM60 和 CK 处理更为密集,膜外区域较为稀疏,说明 PM 处理覆膜区域土壤水分的消耗较快,土壤含水率在灌浆期(90~120 d)降至最低。随着玉米需水量的降低和降雨量的增加,生育后期耗水量降低,0~40 cm 土层和 60~80 cm 土层水分等值线均向高水分方向凸起,土壤水分逐渐增加。

(7)不同诱导期氧化-生物双降解地膜随着生育期推进,降解程度差异导致保水效果出现显著差异,随着诱导期的增加,氧化-生物双降解地膜覆盖处理土壤储水量显著升高。对土壤水分变异系数进行分析发现,诱导期越长,土壤稳定性越高。

(8)氧化-生物双降解地膜覆盖处理膜下区域,雨水最大入渗深度与降雨量和破损率均为正相关;入渗深度还受雨前含水率分布和大小的影响。

(9)降雨有效入渗率受降雨量的影响大于破损率;覆膜区的降雨有效入渗率先减小后增加,当降雨量达到 89.21 mm 后,地膜覆盖不再影响覆膜区的降雨利用;随着氧化-生物双降解地膜破损率的增加,覆膜区的降雨有效入渗率先增大再减小。在西辽河平原区,降雨主要以小雨和中雨为主,建议在 7 月中下旬,进入雨季时,降解膜的破损率要达到 36.64%。

5　氧化-生物双降解地膜覆盖对土壤有机质、有效氮的影响

5.1　不同类型地膜覆盖对土壤有机质的影响

有机质是评价土壤肥力的重要指标之一,其来源主要为动植物残体、微生物及施入的有机肥料,土壤固相中土壤有机质含量虽然不多,但影响作用很大。土壤有机质矿化速率受诸多因素共同影响,包括自然地理条件、海拔高度、气温、降雨等,但随着农业、水利工程措施及栽培措施的逐渐发展,土壤有机质的变化进一步与人为影响因素产生密切的联系。

从 2016~2018 年不同类型地膜覆盖处理玉米土壤有机质分层分布(见图 5-1)来看,随着土层的加深,0~60 cm 土壤有机质逐渐增加,60~100 cm 随土壤深度增加逐渐减小。收获后,距地表距离加深,各处理的土壤有机质差异逐渐减小。WM60 处理 0~20 cm、20~40 cm、40~60 cm 土层有机质 3 年平均含量较 PM 处理分别提高了 13.12%、11.13%、5.94%,BM60 处理较 PM 处理分别提高了 9.49%、14.90%、7.06%;WM60 处理 0~20 cm、20~40 cm、40~60 cm 土层有机质 3 年平均含量较 CK 处理分别降低了 6.80%、7.49%、7.78%;BM60 处理较 CK 处理分别提高了 7.26%、6.93%、9.24%。不同颜色氧化-生物双降解地膜,WM60 处理 0~60 cm 有机质 3 年平均含量较 BM60 处理降低了 1.12 g/kg。

综上所述,覆膜促进了有机质经过微生物的矿化作用向速效性养分的转化过程,与普通地膜相比,氧化-生物双降解地膜处理改善了土壤养分状况。

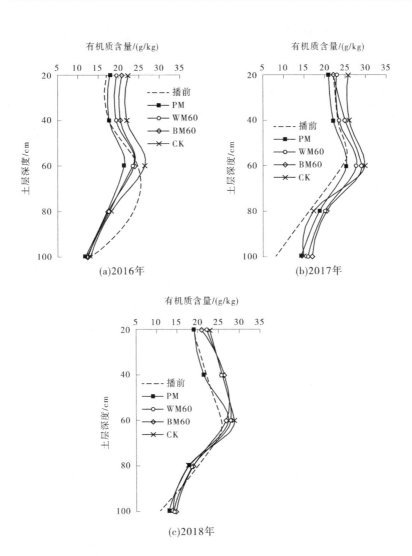

图 5-1 不同类型地膜覆盖处理玉米播前与收获后土壤有机质分层分布

5.2 不同诱导期氧化-生物双降解地膜覆盖对土壤有机质的影响

从 2016~2018 年不同诱导期氧化-生物双降解地膜覆盖处理玉米土壤有机质分层分布(见图 5-2)来看,随着土层的加深,0~60 cm 土壤有机质逐渐增加,60~100 cm 随土壤深度增加逐渐减小。收获后,距地表距离加深,各处理的土壤有机质差异逐渐减小。WM100 和 WM80 处理 0~100 cm 有机质较 WM60 处理减少了 12.34%和 5.74%,BM100 和 BM80 处理 0~100 cm 有机质较 BM60 处理减少了 10.52%和 3.78%。不同颜色氧化-生物双降解地膜,WM60 处理 0~100 cm 有机质 3 年平均含量较 BM60 处理降低了 1.12 g/kg,WM80 处理较 BM80 处理降低了 0.76 g/kg,WM100 处理较 BM100 处理降低了 0.68 g/kg。

综上所述,覆膜促进了有机质经过微生物的矿化作用向速效性养分的转化过程,随着氧化-生物双降解地膜处理诱导期时间的增加,收获后 0~60 cm 土层土壤有机质含量逐渐降低,白色氧化-生物双降解地膜有机质含量较黑色氧化-生物双降解地膜覆盖处理降低了 4.25%。

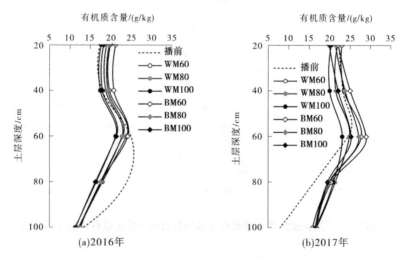

图 5-2　不同诱导期氧化-生物双降解地膜覆盖处理
播前与收获后土壤有机质分层分布

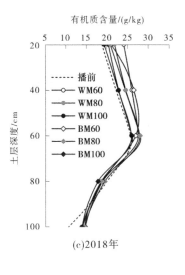

(c)2018年

续图 5-2

5.3 不同类型地膜覆盖对土壤有效氮的影响

　　土壤有效氮是硝态氮及铵态氮组成的无机矿物态氮和比较容易水解的有机态氮的总和,本书试验用碱解扩散法测土壤有效态氮[117]。这部分有效氮是在作物生长期间能被作物利用的氮素,其土壤中的含量在作物全生育期动态规律受耕作栽培措施、灌溉排水、肥料氮素施用、生长发育对氮素的吸收消耗等因素的影响,也因生育期内气候变化等因素影响土壤水热、微生物活性后进一步影响到土壤各种形态氮素的转化,改变了土壤有效氮含量[132]。本书试验对比分析了不同地膜覆盖条件下土壤有效氮时空变化规律,初步探讨研究不同地膜覆盖对土壤有效氮的影响效应。

　　图 5-3 为不同地膜覆盖处理玉米播前和收获后的土壤有效氮剖面分布。经历了生育期的氮肥施用及玉米生长发育对土壤氮的吸收利用、灌水降雨及环境气候变化等各种因素,土壤有效氮在剖面上实现了重新分布。播前 0~60 cm 土层有效氮含量基本一致,60~100 cm 土层

有效氮呈现垂直递减的规律,收获后不同土层有效氮含量与播前对比均有所增加,PM 处理 0~100 cm 土层有效氮含量最高,0~20 cm、20~40 cm、40~60 cm、60~80 cm、80~100 cm 土层有效氮收获后较播种前依次增加了 38.77 mg/kg、19.01 mg/kg、23.63 mg/kg、22.47 mg/kg、11.70 mg/kg,WM60 处理分别增加了 27.56 mg/kg、11.03 mg/kg、17.19

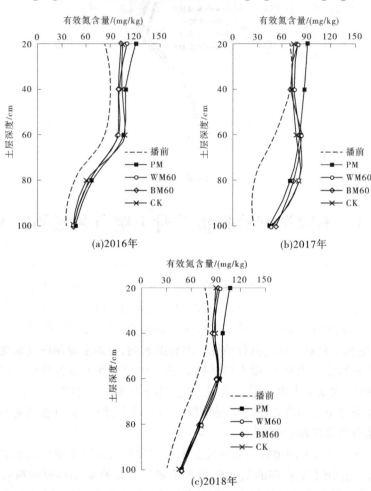

图 5-3　不同类型地膜覆盖处理播前及收获后土壤有效氮剖面分布

mg/kg、18.45 mg/kg、9.85 mg/kg,BM60 处理分别增加了 20.85 mg/kg、
10.14 mg/kg、16.18 mg/kg、19.06 mg/kg、9.32 mg/kg,CK 处理分别增
加了 22.09 mg/kg、14.30 mg/kg、24.94 mg/kg、15.79 mg/kg、9.55
mg/kg,WM60、BM60 和 CK 处理分别较 PM 处理 0~100cm 土层有效氮
含量减小了 6.97%、7.39% 和 8.87%;CK 处理 0~20 cm 土层有效氮的
增加量低于其余覆膜处理,20~40 cm 土层有效氮的增加量低于 PM 处
理,高于 WM60 和 BM60 处理,40~60 cm 土层有效氮的增加量与 PM
处理增加量接近,高于 WM60 和 BM60 处理,各处理 60~100 cm 土层
有效氮含量比播种前有所增加,且增加量接近。

5.4　不同诱导期氧化-生物双降解地膜覆盖对土壤有效氮的影响

　　本书试验对比分析了不同诱导期氧化-生物双降解地膜覆盖条件
下土壤有效氮时空变化规律,图 5-4 为不同诱导期氧化-生物双降解地

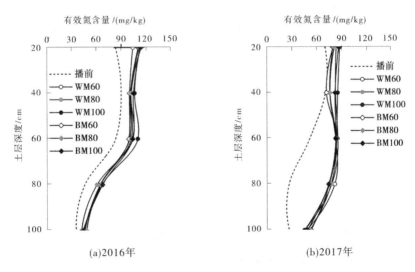

(a)2016年　　　　　　　　　　(b)2017年

**图 5-4　不同诱导期氧化-生物双降解地膜覆盖处理玉米
播前及收获后土壤有效氮剖面分布**

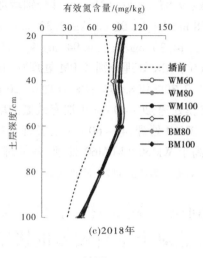

(c)2018年

续图 5-4

膜覆盖处理播前和收获后的土壤有效氮剖面分布。氧化-生物双降解地膜覆盖处理收获后不同土层有效氮含量与播前对比均有所增加,不同诱导期的氧化-生物双降解地膜随着诱导期的增长,土壤有效氮含量逐渐增加,WM60 处理 0~100 cm 土层有效氮含量较 WM80、WM100处理降低了 1.41% 和 4.60%,BM60 处理 0~100 cm 土层有效氮含量较 BM80、BM100 处理降低了 2.66% 和 4.49%,WM100 和 BM100 处理因为在收获期仍有保温效果,土壤有效氮含量最高。黑色氧化-生物双降解地膜处理土壤有效氮含量较白色氧化-生物双降解地膜降低了6.79%。

5.5　讨论与结论

不同地膜覆盖处理的土壤养分含量与分布随着覆膜种类的不同而变化,这是因为不同地膜覆盖对土壤水、热、气等条件的影响不同。戚迎龙[133]对不同地力水平试验田进行了覆膜与未覆膜的对比试验,结果表明,不同地力水平的未覆膜处理收获后土壤有机质均较高于覆膜处理,说明地膜覆盖增加了土壤有机质的分解量,未覆膜处理土壤有机质分解量较低,因而收获后含量较高。宋秋华等[134]研究了土壤有机质含量对不同覆膜历时的响应,结果表明,覆膜时间越长,土壤有机质含量下降越多,全程覆膜、覆膜 60 d 处理土壤有机质含量分别下降 21.2%、17.2%,而覆膜 30 d 与未覆膜处理土壤有机质含量下降则相对较小。张杰等[76]研究表明,可降解地膜覆盖下 0~50 cm 土层土壤有机质平均含量 2 年平均较 CK 对照低了 7.27%。

本书研究成果与前人研究结果一致,即随着覆膜时间的延长,土壤有机质含量呈下降的趋势,距地表距离加深,各处理有机质差异逐渐减小,覆膜时间越短,0~60 cm 土层土壤有机质含量越高,覆膜促进了有机质经过微生物的矿化作用向速效性养分的转化过程,裸地处理和降解速率较快的氧化-生物双降解地膜处理分解量较低,收获后 0~60 cm 土层土壤有机质含量较高。对不同颜色氧化-生物双降解地膜,WM60 处理 0~60 cm 有机质较 BM60 处理降低了 2.62 g/kg^2,WM80 处理较 BM80 处理降低了 1.41 g/kg^2,WM100 处理较 BM100 处理降低了 1.28 g/kg^2,相同降解速率的白色氧化-生物双降解地膜有机质含量低于黑色氧化-生物双降解地膜覆盖处理,说明白色氧化-生物双降解地膜覆盖较黑色氧化-生物双降解地膜覆盖增加了有机质的分解量。

王星[61]对生物降解地膜覆盖下土壤养分情况做了相关研究,结果表明,相较于未覆盖对照处理,生物降解地膜覆盖条件下的土壤养分含量均有所增加,且与普通地膜覆盖效果无显著差异。周昌明等[135]研究表明,与不覆盖 CK 对照处理相比,可降解地膜覆盖可以显著提高 0~50 cm 土层土壤碱解氮含量且差异性显著($P<0.05$),可降解地膜覆盖 2 年处理的平均土壤碱解氮含量可以提高 6.43%。周丽娜等[136]研究了不同覆膜方式对土壤养分的影响,结果表明垄沟全覆膜与半覆膜均能提高土壤速效氮、磷、钾养分含量,维持较高的土壤肥力。张杰等[76]研究发现,地膜覆盖处理土层 0~50 cm 土壤养分均较 CK 对照有所增加,并且降解地膜覆盖条件下的碱解氮、速效磷、速效钾含量与 CK 对照处理表现差异性显著($P<0.05$)。

5.6 小　结

（1）覆盖地膜促进了有机质的矿化作用，普通塑料地膜覆盖处理收获后 0～100 cm 土层土壤有机质含量显著低于诱导期 60 d 的氧化-生物双降解地膜处理，覆盖普通塑料地膜和氧化-生物双降解地膜处理土壤有机质显著低于裸地处理。

（2）随着氧化-生物双降解地膜处理诱导期时间的增加，收获后 0～100 cm 土层土壤有机质含量逐渐降低，白色氧化-生物双降解地膜有机质含量较黑色氧化-生物双降解地膜覆盖处理降低了 4.25%。

（3）PM 处理 0～60 cm 土层土壤有效氮含量最高，较诱导期 60 d 的氧化-生物双降解地膜处理增加了 7.18%，诱导期 60 d 的氧化-生物双降解地膜处理土壤有效氮含量较裸地处理增加了 1.59%，差异不显著。

（4）不同诱导期的氧化-生物双降解地膜的有效氮含量与诱导期成反比，诱导期越长，土壤有效氮含量越低，WM60 处理 0～100 cm 土层土壤有效氮含量较 WM80、WM100 处理降低了 1.41% 和 4.60%，BM60 处理 0～100 cm 土层土壤有效氮含量较 BM80、BM100 处理降低了 2.66% 和 4.49%。不同颜色的氧化-生物双降解地膜处理土壤有效氮含量表现为 WM 处理略大于 BM 处理，差异不明显（$P>0.05$）。

6　氧化-生物双降解地膜覆盖
对土壤微生物量 C、N 含量和
土壤酶活性的影响

6.1　不同类型地膜覆盖对土壤
微生物量 C、N 含量的影响

土壤微生物量是表征微生物在不断地繁殖和死亡的生命活动中实现养分的矿化和固定的一个动态平衡过程。土壤微生物量 C 是土壤有机质中最为活跃的部分,调节着土壤养分的矿化和固定过程,反映了土壤养分有效性状况和土壤生物活性[137]。表 6-1 结果表明,玉米苗期,PM 处理土壤微生物量 C 含量与 WM60 处理差异不显著($P >$ 0.05),较 BM60 和 CK 处理提高了 6.60% 和 23.44%。玉米拔节期,WM60 和 BM60 处理的土壤微生物量 C 含量较 PM 处理降低了26.28% 和 25.59%,差异显著($P < 0.05$)。在玉米抽雄期,WM60 处理土壤微生物量 C 含量较 PM 处理降低了 19.72%,BM60 处理土壤微生物量 C 含量较 PM 处理降低了 24.56%。在灌浆期,WM60 和 BM60 处理的土壤微生物量 C 与裸地 CK 处理差异不显著。

表 6-1　不同类型地膜覆盖对玉米生育期土壤微生物量 C、N 的影响

处理	土壤微生物量 C/(mg/kg)				土壤微生物量 N/(mg/kg)			
	苗期	拔节期	抽雄期	灌浆期	苗期	拔节期	抽雄期	灌浆期
PM	135.53a	90.39a	94.74a	196.55a	20.46a	15.34a	15.69a	25.51a
WM60	133.69a	73.58b	79.13b	173.25b	20.67a	13.09b	12.03b	14.34b
BM60	127.14b	71.98b	76.06b	169.87b	19.67ab	12.62b	11.92b	13.54b
CK	109.79c	63.95c	71.06c	167.66b	13.87c	11.12c	11.04c	14.19b

土壤微生物量 N 含量随着玉米生育期的推进,先逐渐减小,进入

平稳期,再增大,灌浆期土壤微生物量 N 含量最高。苗期,PM 处理土壤微生物量 N 含量与氧化-生物双降解地膜处理差异不显著,较 CK 处理增加了 47.51%,CK 处理与覆膜处理差异极其显著;拔节期,降解破损的 WM60 和 BM60 处理土壤微生物量 N 含量明显降低,WM60、BM60 和 CK 处理土壤微生物量 N 含量较 PM 处理分别降低了17.14%、32.01%;抽雄期,WM60 处理土壤微生物量 N 含量较 CK 处理提高了 14.29%,BM60、处理土壤微生物量 N 含量较 CK 处理提高了14.61%;在灌浆期,土壤微生物量 N 含量显著高于其余处理,氧化-生物双降解地膜处理土壤微生物量 N 含量显著低于 PM 处理、BM60 处理土壤微生物量 N 含量与 CK 处理。

从整体来看,生育期土壤微生物量 C、N 含量均呈现先降低后增加的趋势,拔节后,玉米进入快速生长期,消耗大量的土壤养分,因此拔节期土壤微生物量 C、N 含量较低。覆膜处理的土壤微生物量 C、N 在玉米的苗期、拔节期和抽雄期均显著高于裸地处理,覆膜可显著提高土层土壤温度和含水率,增加了土壤微生物量 C、N 含量。

6.2　不同诱导期氧化-生物双降解地膜覆盖对土壤微生物量 C、N 含量的影响

表 6-2 结果表明,玉米苗期,不同诱导期的氧化-生物双降解地膜处理差异不显著。玉米拔节期,WM60 和 BM60 处理的土壤微生物量 C 含量分别较 WM100 和 BM100 处理降低了 26.28% 和 25.59%,差异显著,诱导期 80 d 和诱导期 100 d 的氧化-生物双降解地膜覆盖处理土壤微生物量 C 含量差异不显著。在玉米抽雄期,WM60 和 WM80 处理土壤微生物量 C 含量分别较 WM100 处理降低了 19.72% 和 8.43%,BM60 和 BM80 处理土壤微生物量 C 含量较 BM10 处理降低了 24.56% 和 11.01%。灌浆期,WM100 和 BM100 处理进入降解期,土壤微生物量 C 含量较 PM 处理降低了 6.07% 和 8.89%,WM60、BM60 和 BM80 处理的土壤微生物量 C 与裸地 CK 处理差异不显著。

苗期,氧化-生物双降解地膜处理均未降解,不同诱导期地膜差异不显著;拔节期,降解破损的 WM60 和 BM60 处理土壤微生物量 N 含

表6-2 不同诱导期氧化-生物双降解地膜覆盖对玉米生育期
土壤微生物量 C、N 的影响

处理	土壤微生物量 C/（mg/kg）				土壤微生物量 N/（mg/kg）			
	苗期	拔节期	抽雄期	灌浆期	苗期	拔节期	抽雄期	灌浆期
WM60	133.69a	71.58c	79.13c	173.25b	20.17a	13.09c	13.03c	15.34d
WM80	134.34a	79.79b	87.37a	178.51a	19.61a	15.65a	13.43c	19.99b
WM100	134.93a	85.09a	91.05a	185.25a	20.03a	15.49a	15.56a	22.75a
BM60	127.14a	71.98c	76.06c	170.87b	19.67a	11.62d	11.92d	13.54e
BM80	128.35a	82.56a	85.34b	175.69b	19.59a	13.97b	12.78c	18.59c
BM100	129.14a	83.79a	88.03a	180.47a	19.31a	14.23b	14.16b	20.67b

量明显降低，WM60 和 BM60 处理土壤微生物量 N 含量分别较 WM100
和 BM100 处理降低了 15.49% 和 11.62%，诱导期 80 d 和诱导期 100 d
的氧化-生物双降解地膜覆盖处理土壤微生物量 N 含量差异不显著；
抽雄期，WM80、WM100 处理土壤微生物量 N 含量分别较 WM60 处理
提高了 7.21% 和 18.79%，BM80、BM100 处理土壤微生物量 N 含量分
别较 BM60 处理提高了 3.07% 和 19.42%；灌浆期，不同诱导期氧化-生
物双降解地膜处理土壤微生物量 N 含量差异逐渐增大，WM60、WM80
处理土壤微生物量 N 含量分别较 WM100 处理降低了 32.57% 和
12.13%，BM60、BM80 处理土壤微生物量 N 含量较 BM100 处理降低了
34.49% 和 10.63%。

6.3 不同类型地膜覆盖对土壤蔗糖酶、脲酶和 过氧化氢酶活性的影响

土壤酶参与土壤中各种生物化学过程及其合成有机化合物的水解
与转化，土壤酶的活性大致反映了在某一种土壤生态状况下生物化学
过程的相对强度[138]。

土壤蔗糖酶能有效地反映土壤的肥力水平,它的活性反映了土壤呼吸强度,土壤蔗糖酶又称转化酶,酶促作用的产物葡萄糖是植物和微生物的营养源,是土壤学界研究最多的一种酶[139]。表 6-3 为玉米不同生育阶段的土壤蔗糖酶活性,覆膜处理在苗期、拔节期和抽雄期的土壤蔗糖酶活性均显著高于 CK 处理。苗期,PM 处理和 WM60 处理的土壤蔗糖酶活性无显著差异,PM 处理土壤蔗糖酶活性较 BM60 处理平均提高了 5.93%;拔节期,WM60 和 BM60 处理进入降解期,地膜表面开始出现破损,此阶段,WM60 处理土壤蔗糖酶活性较 PM 处理降低了 12.37%,BM60 处理土壤蔗糖酶活性较 PM 处理降低了 16.90%;灌浆期,氧化-生物双降解地膜处理均有不同程度的降解,此阶段,PM 处理土壤蔗糖酶活性显著高于其余处理,较 WM60 和 BM60 处理分别提高了 20.51%和 22.57%,WM60、BM60 和 CK 处理之间差异不显著。

土壤脲酶是由简单蛋白质构成的水解酶,可以催化尿素水解而生成 NH_3 和 CO_2,土壤脲酶活性可衡量土壤肥力[140]。脲酶活性影响尿素的分解,脲酶活性越强,尿素分解越快,但分解产物可能来不及被作物吸收而挥发或流失;脲酶活性越低,尿素分解越慢,分解产物可能不能满足作物的生长需要。表 6-3 为玉米生育期不同阶段的土壤脲酶活性。玉米苗期,PM 处理和 WM 处理的土壤脲酶活性无显著差异,PM 处理土壤脲酶活性较 BM60 和 CK 处理分别增加了 15.38%和 43.12%;拔节期,覆膜处理之间土壤脲酶活性无显著差异,均显著高于 CK 处理。玉米灌浆期和抽雄期,PM 处理土壤脲酶活性最高,CK 处理土壤脲酶活性最低,PM 处理土壤脲酶活性较 WM60 和 BM60 处理分别提高了 24.67%和 33.33%。

土壤过氧化氢酶活性与土壤微生物联系密切,可以在一定程度上灵敏地反映土壤微生物学过程和作物代谢过程的强度,能够较好地指示土壤微生态环境[138]。表 6-3 为玉米不同生育阶段的土壤过氧化氢酶活性,从整体来看,全生育期土壤过氧化氢酶活性浮动较小,随着生育期推进,土壤过氧化氢酶活性逐渐降低。在玉米苗期,CK 处理的土壤过氧化氢酶活性小于覆膜处理,到了玉米拔节期和抽雄期,各处理土壤过氧化氢酶活性差异不显著。在玉米灌浆期,PM 处理的土壤过氧

表 6-3 不同类型地膜覆盖对玉米生育期土壤酶活性的影响

处理	土壤蔗糖酶 [mg/(g·24 h)]				土壤脲酶 [mg/(g·24 h)]				土壤过氧化氢酶 [mg/(g·24 h)]			
	苗期	拔节期	抽雄期	灌浆期	苗期	拔节期	抽雄期	灌浆期	苗期	拔节期	抽雄期	灌浆期
PM	70.85a	73.95a	69.05a	78.73a	1.56a	1.05a	1.53a	0.96a	19.09a	18.66a	17.15a	12.82a
WM60	67.85a	64.80b	61.25b	65.35b	1.54a	1.02a	1.08b	0.77b	19.36a	19.07a	17.58a	11.66b
BM60	66.95b	61.45c	60.35b	64.25b	1.32b	1.07a	1.14b	0.72b	19.11a	18.81a	17.41a	11.73b
CK	63.50c	57.25d	56.95b	63.05b	1.09c	0.72b	0.78c	0.57c	18.35b	18.91a	17.23a	11.94b

化氢酶活性最高,显著高于氧化-生物双降解地膜处理和 CK 处理($P<$ 0.05)。

6.4　不同诱导期氧化-生物双降解地膜覆盖对土壤蔗糖酶、脲酶和过氧化氢酶活性的影响

　　玉米苗期,相同诱导期白色氧化-生物双降解地膜的土壤蔗糖酶活性高于黑色氧化-生物双降解地膜,相同颜色不同诱导期地膜差异不显著;拔节期,WM60 和 BM60 处理进入降解期,地膜表面开始出现破损,此阶段,WM60 处理土壤蔗糖酶活性较 WM100、WM80 处理降低了 11.15%、8.19%,BM60 处理土壤蔗糖酶活性较 BM100 和 BM80 处理降低了 11.89%、6.59%;抽雄期,WM80 和 BM80 处理也开始破损降解,WM60 和 WM80 处理土壤蔗糖酶活性分别较 WM100 处理降低了 9.10% 和 3.96%,BM60 和 BM80 处理土壤蔗糖酶活性分别较 BM100 处理降低了 8.91% 和 6.34%;灌浆期,氧化-生物双降解地膜处理均有不同程度的降解,此阶段,诱导期 60 d 和 80 d 的氧化-生物双降解地膜覆盖处理之间差异不显著,分别较诱导期 100 d 的氧化-生物双降解地膜覆盖处理降低了 8.60%、6.15%。

　　玉米苗期,相同诱导期白色氧化-生物双降解地膜的土壤脲酶活性高于黑色氧化-生物双降解地膜,相同颜色不同诱导期地膜差异不显著;拔节期,相同诱导期的 WM 和 BM 处理之间差异不显著;灌浆期,WM60 和 WM80 处理土壤脲酶活性较 WM100 处理降低了 27.02% 和 10.81%,BM60 和 BM80 处理土壤脲酶活性分别较 BM100 处理降低了 21.13% 和 19.72%;抽雄期,WM60 和 WM80 处理土壤脲酶活性分别较 WM100 处理降低了 13.25% 和 9.64%,BM60 和 BM80 处理土壤脲酶活性分别较 BM100 处理降低了 11.49% 和 9.19%;不同诱导期的氧化-生物双降解地膜处理的土壤脲酶活性与诱导期成正比,诱导期越长,土壤脲酶活性越高。

　　表 6-4 为玉米期不同生育阶段的土壤过氧化氢酶活性, 不同诱导

表 6-4 不同诱导期氧化-生物双降解地膜覆盖对玉米生育期土壤酶活性的影响

处理	土壤蔗糖酶/ [mg/(g·24 h)]				土壤脲酶/ [mg/(g·24 h)]				土壤过氧化氢酶/ [mg/(g·24 h)]			
	苗期	拔节期	抽雄期	灌浆期	苗期	拔节期	抽雄期	灌浆期	苗期	拔节期	抽雄期	灌浆期
WM60	67.85a	64.80b	61.25c	65.35b	1.54a	1.02a	1.08c	0.77b	19.36a	19.07a	17.58a	11.66a
WM80	69.85a	70.11a	64.71b	65.62b	1.53a	1.02a	1.32b	0.79b	19.98a	19.21a	18.03a	11.65a
WM100	70.35a	72.03a	67.38a	71.65a	1.57a	1.03a	1.48a	0.87a	19.54a	18.93a	17.64a	11.97a
BM60	66.95b	61.45c	60.35c	64.25b	1.32b	1.07a	1.14c	0.72b	19.11a	18.81a	17.41a	11.73a
BM80	66.35b	65.50b	62.05b	64.10b	1.28b	1.05a	1.39b	0.75b	18.99a	18.74a	17.51a	11.69a
BM100	67.35b	68.76b	66.25a	68.38a	1.34b	1.04a	1.42a	0.83a	19.23a	18.83a	17.58a	11.83a

期地膜的氧化-生物双降解地膜土壤过氧化氢酶活性差异不显著（$P <$ 0.05）。

6.5　讨论与结论

土壤微生物量是土壤中作物有效养分的储备源（或库），也是土壤有机质与养分转化、循环的动力，对土壤环境因子的变化非常敏感，土壤环境因子的微小变化均能引起其活性发生变化[141]。本书研究中，玉米生育期 0～20cm 土层土壤微生物量 C、N 含量均随着生育期的推进呈现先降低后增加的趋势，可能是玉米拔节后，玉米进入快速生长期，灌浆期，玉米进入生殖生长阶段，这两个阶段玉米的旺盛生长期，消耗大量土壤养分，造成拔节期 0～20 cm 土层土壤微生物量 C 和 N 含量较低。这与李云玲等[142]、江森华等[143]研究结论类似，即作物开花期，土壤微生物量 N 含量最低，分析原因可能是作物在开花期生长最为旺盛，对 N 素需求量增大，加剧了作物与土壤微生物间的养分竞争，由于在竞争中作物获得了更多的营养物质，因此导致土壤微生物量 N 含量有所下降。也有学者[144]分析了玉米生育期 0～90 cm 土壤微生物量 C、N 含量与土壤 N 素净矿化速率，结果表明三者均随玉米生育期的推进逐渐升高，在 9～11 周达到最大（生育期此阶段为气温最高），之后逐渐下降，主要是由土壤温度的变化引起的，微生物群落大小均随土壤温度的升高而增加，与土壤水分的变化关系不大，因为土壤温度在 25～35 ℃时，微生物生长最快。这可能是地域不同、气候条件不同造成的，本试验中玉米在抽雄—灌浆期会进行补灌满足该阶段需水量，同时试验区降雨较多，考虑到灌溉和降雨量的淋溶，因此玉米在抽雄期和灌浆期表层土壤微生物量 C、N 含量较低。

地膜覆盖改善了土壤的水热条件，促进了深层水分向表层富集，又降低了淋溶，同时增加了表层土壤微生物数量，增强了其活性，土壤温度的增加能够诱导微生物群落组成和土壤氮素转化[145]。本书研究中，氧化-生物双降解地膜的降解改变了土壤表层微环境，从而土壤温度和土壤含水率也发生改变。土壤微生物量 C、N 含量随着氧化-生物双降解地膜的降解而逐渐减小,到生育末期,降解速率较快的氧化-生物双降解地膜覆盖处理的土壤微生物量 C、N 含量与裸地对照处理无显著性差异。

土壤的类型、水热环境、肥力、管理措施、利用方式及植物生长等都会造成土壤酶活性的差异。土壤脲酶与蔗糖酶活性能够表征土壤 C、N 等养分指标的循环状况,土壤过氧化氢酶活性则常用来表征土壤微生物活性[151]。杨青华等[149]研究了液态地膜覆盖下棉花根区的土壤酶活性,结果表明,土壤微生物数量、脲酶、转化酶、过氧化氢酶、多酚氧化酶和中性磷酸酶活性均随适量的液体地膜覆盖而显著增强,且随着作物生长发育进程的不同而变化。杨招弟等[150]研究结果表明,覆膜可以显著增加土壤酶活性,并且表层土壤的增强效果最为明显。张杰等[76]研究结果表明,覆膜处理的土壤脲酶、转化酶和磷酸酶的活性均高于对照,且 3 种酶活性均随着土层的深度增加逐渐降低。本书试验研究得出了类似的结论,氧化-生物双降解地膜在未降解阶段,与普通塑料地膜覆盖效果一致,均能显著增加土壤过氧化氢酶、脲酶和土壤蔗糖酶活性,随着氧化-生物双降解地膜的逐渐破裂降解与普通塑料地膜处理差异逐渐增大,但仍大于裸地对照。不同覆盖处理的土壤过氧化氢酶含量在生育中后期差异不显著,可能是玉米蒸腾作用增强,耗水量大,同时玉米植株对地表有遮挡作用,冠层对太阳辐射进行截留和反射,覆膜对增温效应不再显著,造成覆膜模式对土壤过氧化氢酶影响较小。刘小娥等[144]研究发现,在玉米生育后期,覆膜处理的土壤温度和水分与不覆膜处理没有差异,甚至低于不覆膜处理,地膜覆盖处理的土壤酶活性、微生物量依然高于不覆膜处理,干湿交替的变化对微生物群落组分的改变需要一段时间。

6.6 小 结

(1)覆膜可提供良好的温度和水分条件,有利于增加土壤微生物量 C、N 的含量,白色氧化-生物双降解地膜在未降解阶段土壤微生物量 C、N 的含量与普通塑料地膜覆盖处理差异不显著,随着地膜的降解,差异显著增大($P<0.05$)。

(2)氧化-生物双降解地膜诱导期越长,土壤微生物量 C、N 的含量越高。

(3)覆膜可提供良好的温度和水分条件,有利于增加土壤脲酶、蔗糖酶、过氧化氢酶的活性,未降解前,氧化-生物双降解地膜处理与普通地膜处理无显著差异,均高于裸地对照。

(4)氧化-生物双降解地膜诱导期越长,土壤微生物量土壤脲酶、蔗糖酶的活性越高。不同诱导期氧化-生物双降解地膜覆盖对土壤过氧化氢酶影响较小,各处理的土壤过氧化氢酶含量差异不显著。

7 氧化-生物双降解地膜覆盖对玉米生长发育、产量和水分利用效率的影响

7.1 不同类型地膜覆盖对玉米生长的影响

7.1.1 玉米株高

图 7-1 为 2016~2018 年不同类型地膜覆盖处理玉米株高。株高随生育期推进,呈先增后降的趋势,且覆盖地膜处理的玉米株高 3 年均大于裸地对照。苗期和拔节期,氧化-生物双降解地膜覆盖和普通塑料地膜覆盖处理间玉米株高差异不明显($P>0.05$),较 CK 处理平均提高了 21.08 cm;拔节期到抽雄期过渡期间,氧化-生物双降解地膜处理 WM60 和 BM60 开始出现降解,随着时间推移,降解程度不断增大,WM60 和 BM60 处理覆盖下的玉米株高较 PM 处理降低了 4.90 cm 和 2.45 cm,较 CK 处理增加 16.65 cm 和 14.21 cm;进入灌浆期后,各处理玉米株高达到最大值,CK 处理株高与覆膜处理株高差异减小,WM60 和 BM60 处理覆盖下的 3 年玉米平均株高分别为 269.67 cm 和 266.85 cm,较裸地处理高 9.94% 和 12.08%;玉米成熟期,随着玉米叶片的枯黄凋萎,各处理玉米株高较灌浆期均有小幅度的下降。

7.1.2 玉米叶面积

在田间试验中,叶面积指数(LAI)是反映植物群体生长状况的一个重要指标,其大小直接与最终产量密切相关,在一定的范围内,作物的产量随着叶面积指数的增大而提高[153]。

由图 7-2 可知,玉米叶面积指数随着生育期推进,呈先升后降的趋

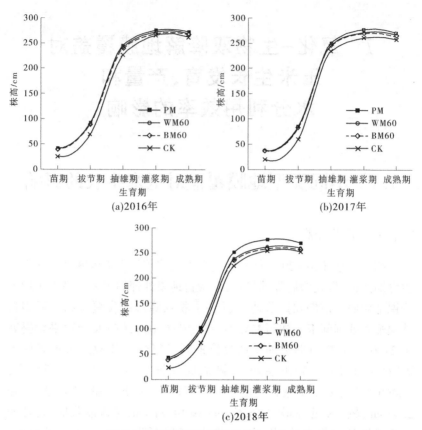

图 7-1　不同类型地膜覆盖处理玉米株高

势,且各覆膜处理下的叶面积指数均大于裸地对照。在苗期,植株叶片较小,覆膜处理叶面积指数差异不显著($P>0.05$),CK 处理叶面积指数显著低于各覆膜处理;从苗期至拔节期,各处理叶面积指数增长迅速,叶面积指数平均值达到 1.83;拔节期至抽雄期,玉米进入快速生长期,氧化-生物双降解地膜开始降解,叶面积指数较普通地膜处理降低了7.02%和 8.70%。在灌浆期,诱导期 60 d 氧化-生物双降解地膜处理的叶面积指数 3 年平均值为 4.58,较裸地增加 12.36%,较 PM 减少了6.09%;成熟期,随着玉米的逐渐成熟,玉米叶片枯萎凋落,各处理叶面

积指数开始出现不同程度的下降,诱导期 60 d 氧化-生物双降解地膜
处理的叶面积指数 3 年平均值为 3.74,较裸地增加 7.30%,较 PM 减少
了 6.61%,不同类型地膜覆盖处理间差异较灌浆期减小。

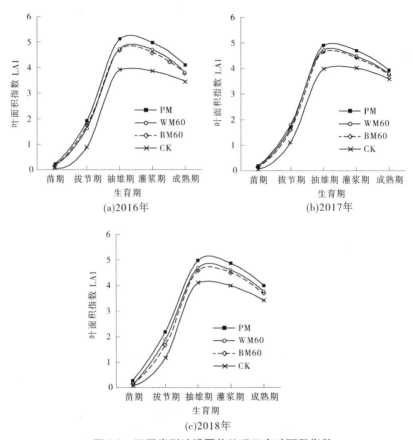

图 7-2　不同类型地膜覆盖处理玉米叶面积指数

7.1.3　玉米干物质量

不同类型地膜覆盖处理的干物质量如图 7-3 所示,随着生育期推
进,玉米干物质量逐渐增加。苗期,覆膜处理干物质量较小,但均显著
高于裸地处理;拔节期,WM60 和 BM60 处理覆盖下的玉米干物质量分

别较 PM 处理降低 5.84% 和 6.77%，分别较 CK 处理增加 8.59% 和
7.78%；灌浆期，WM60 和 BM60 处理覆盖下的玉米干物质量分别较
PM 处理降低 1.83% 和 0.15%，分别较 CK 处理增加 7.54% 和 5.67%；
成熟期，2016 年和 2017 年，玉米干物质量均为诱导期 60 d 的氧化-生
物双降解地膜覆盖处理最高，2018 年，普通塑料地膜覆盖处理干物质
量较诱导期 60 d 的氧化-生物双降解地膜覆盖处理增加了 5.27%。

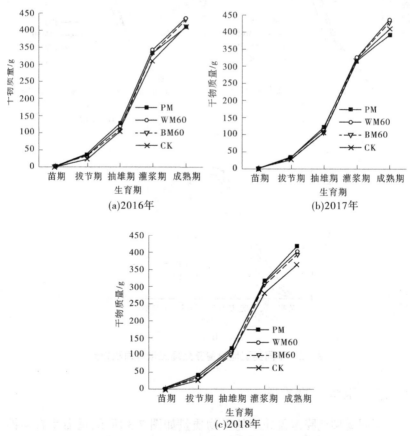

图 7-3　不同类型地膜覆盖处理玉米干物质量

7.1.4 玉米根系形态

根系作为作物直接吸收水分和养分的器官,分布状况直接影响着作物根区的水分和养分的吸收,并最终反映到作物的产量[154]。有学者研究表明,灌浆期根系分布与产量和干物质量关系最为密切,对玉米灌浆期根系分布与产量进行相关性分析得出,灌浆期根长与产量均为显著线性关系。

7.1.4.1 不同地膜覆盖对根长密度的影响

根长密度主要是指玉米根系在特定空间内的根长数量,通过根系密度可以反映出玉米根系在土壤中的空间状态,也间接反映根系吸收水分和养分的范围[157]。以 2017 年玉米灌浆期(8 月 17 日)根长密度为例,由图 7-4 可见玉米根系随着深度增加根长密度基本上呈递减型。各处理玉米根系大部分集中在 0~40 cm 土层内,少部分根系分布在 40~60 cm 土层。0~20cm 土层处,PM、WM60 和 BM60 处理的玉米根长密度分别为 2.01 cm/cm^3、1.77 cm/cm^3、1.73 cm/cm^3,分别较 CK 处理(1.46 cm/cm^3)提高了 25.23%、15.28% 和 13.65%,差异显著($P<$ 0.05);PM、WM60、BM60 和 CK 处理 20~40 cm 土层根长密度分别为 1.30 cm/cm^3、1.46 cm/cm^3、1.56 cm/cm^3、1.25 cm/cm^3,氧化-生物双降解地膜的根长密度最高。40~60 cm 土层,PM、WM60 和 BM60 处理的玉米根长密度分别为 0.37 cm/cm^3、0.63 cm/cm^3、0.57 cm/cm^3,分别较 CK 处理(0.77 cm/cm^3)降低了 110.67%、22.30%、36.23%。PM、WM60、BM60 处理 0~60 cm 土层的根长密度分别为 3.67 cm/cm^3、3.85 cm/cm^3、3.86 cm/cm^3,分别较 CK 对照(3.49 cm/cm^3)增加了 5.16%、10.39%、8.34%。由此可见,裸地处理主要根系分布范围较覆膜处理深 10 cm 左右,覆膜处理,PM 处理根系分布最浅,WM60 与 BM60 处理次之,不同地膜覆盖对根长密度也有影响,与土壤含水率分布正相关。

7.1.4.2 不同地膜覆盖对玉米根系生长的影响

对 2017 年 0~60 cm 土层玉米根系生长做了相关研究,不同地膜覆盖处理玉米灌浆期根系生长指标见表 7-1。普通地膜覆盖处理和氧化-生物双降解地膜覆盖处理玉米根系参数均高于 CK 对照,差异显著

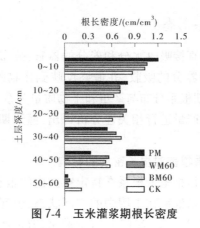

图 7-4　玉米灌浆期根长密度

（$P<0.05$），氧化-生物双降解地膜覆盖处总根长、根表面积、根体积分别较普通塑料地膜覆盖处理降低了 3.94%、3.77%、3.38%，差异不显著（$P>0.05$）。可见地膜覆盖对玉米根系的生长发育有一定的促进作用，根系影响作物对水分和养分的吸收，最终表现在地上部分的生长。

表 7-1　不同类型地膜覆盖处理下玉米灌浆期根系生长指标

处理	总根长/cm	根表面积/cm^2	根体积/cm^3
PM	7 094.86a	1 182.47a	60.07a
WM60	6 887.12a	1 127.65a	57.65a
BM60	6 743.34a	1 143.29a	58.43a
CK	6 065.28b	1 000.78b	52.69b

7.2　不同诱导期氧化-生物双降解地膜覆盖对玉米生长的影响

7.2.1　玉米株高

图 7-5 为 2016~2018 年不同诱导期氧化-生物双降解地膜覆盖处理玉米株高。苗期和拔节期，不同诱导期处理间玉米株高差异不明显（$P>0.05$）；拔节期到抽雄期过渡间，氧化-生物双降解地膜 WM60

和 BM60 开始出现降解,随着时间推移,降解程度不断增大,WM60 和
BM60 处理覆盖下的玉米株高分别较 WM100 和 BM100 处理降低了
5.15%和 4.21%,WM80 和 WM100 处理差异不显著,BM80 和 BM100
差异不显著。进入灌浆期后,各处理玉米株高达到最大值,不同诱导期
氧化-生物双降解地膜覆盖下的玉米株高差异增大,WM60 和 BM60 处
理覆盖下的玉米 3 年平均株高分别为 263.29 cm 和 260.33 cm,分别较
WM100 和 BM100 处理降低了 4.47%和 4.23%,WM80 和 BM80 处理覆
盖下的玉米 3 年平均株高分别为 270.55 cm 和 268.05 cm, 较 WM100

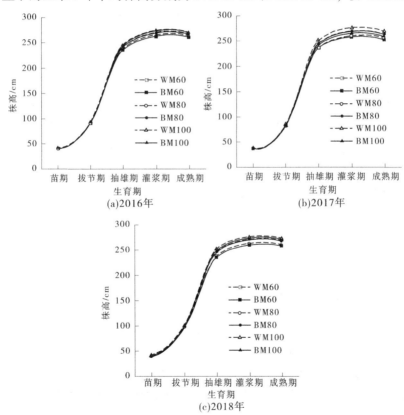

图 7-5　不同诱导期氧化-生物双降解地膜覆盖处理玉米株高

和 BM100 处理降低了 1.84% 和 1.39%；玉米成熟期，随着玉米叶片的枯黄凋萎，各处理玉米株高较灌浆期均有小幅度的下降且差异减小。

7.2.2　玉米叶面积

由图 7-6 可知，苗期和拔节期，氧化-生物双降解地膜均未降解，处理间差异不显著。拔节期至抽雄期，玉米进入快速生长期，氧化-生物双降解地膜 WM60 和 BM60 开始降解，分别较 WM100 和 BM100 处理降低了 2.99% 和 3.38%。在灌浆期，WM80 和 BM80 已经降解，氧化-生物双降解地膜慢速 WM100 和 BM100 开始进入降解期，2016 年和 2017 年诱导期 60 d、80 d 氧化-生物双降解地膜处理的叶面积指数平均值为 4.68、4.66，分别较诱导期 100 d 减少了 4.59%、4.44%；2018 年诱导期 60 d、80 d 氧化-生物双降解地膜处理的叶面积指数为 4.53、4.74，分别较诱导期 100 d 减少了 6.79%、2.47%。2016 和 2017 年不同诱导期氧化-生物双降解地膜覆盖处理叶面积指数差异较小，2018 年差异显著，这与降雨分布有关。2018 年 7 月初降雨量 40.2 mm，此阶段为玉米快速生长期，需水量较大，诱导期 60 d 氧化-生物双降解地膜降解，蒸发大于 80 d 和 100 d 的，最终反馈到玉米植株生长。成熟期，不同诱导期氧化-生物双降解地膜处理叶面积指数无显著差异（$P > 0.05$）。

7.2.3　玉米干物质量

不同诱导期氧化-生物双降解地膜覆盖处理的干物质量如图 7-7 所示，随着生育期推进，玉米干物质量逐渐增加。苗期和拔节期，不同诱导期氧化-生物双降解地膜覆盖处理干物质量差异不显著，WM60 和 BM60 处理下的玉米干物质量分别较 WM100 和 BM100 处理降低 4.06% 和 4.81%，WM80 和 WM100 处理差异不显著，BM80 和 BM100 处理差异不显著。灌浆期，WM60 和 BM60 处理覆盖下的玉米 3 年平均干物质量分别较 WM100 和 BM100 处理降低了 1.38% 和 2.52%，

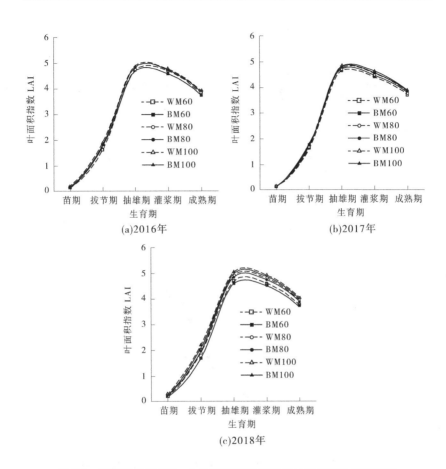

图 7-6 不同诱导期氧化-生物双降解地膜覆盖处理玉米叶面积指数

WM80 和 BM80 处理较 WM100 和 BM100 处理降低了 0.80% 和
0.92%。成熟期,2016 年和 2017 年诱导期 60 d、80 d 氧化-生物双降
解地膜处理的干物质量平均值较诱导期 100 d 处理增加了 6.50%、
1.51%。2018 年诱导期 60 d、80 d 氧化-生物双降解地膜处理的干物
质量分别较诱导期 100 d 减少了 6.48%、1.71%。在平水年,诱导期越
短,干物质量越高;在枯水年,随着诱导期的增加,干物质量越高。

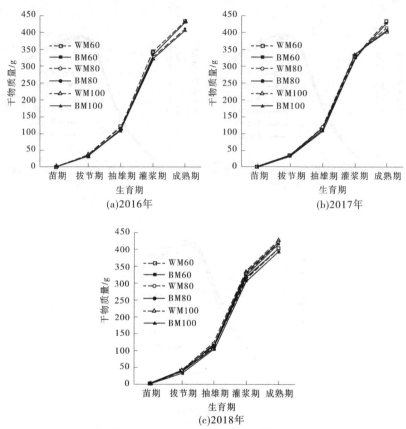

图 7-7　不同诱导期氧化-生物双降解地膜覆盖处理玉米干物质量

7.3　不同类型地膜覆盖对玉米产量及产量因子的影响

玉米产量由籽粒数、百粒重及单位面积产量等要素构成,2016～2018 年试验小区不同处理的玉米产量及其构成因子如表 7-2 所示。

2016 年,生育期降雨分布均匀的平水年,普通塑料地膜覆盖处理

的产量最低,WM60 和 BM60 处理分别较 PM 处理产量提高了 8.99%
和 5.56%;WM60、BM60 处理与 CK 差异不显著(P>0.05)。

表 7-2　不同类型地膜覆盖对玉米产量因子和产量的影响

年份	处理	穗长/ cm	穗宽/ cm	穗行数	行粒数	百粒重/ g	产量/ (kg/hm²)
2016	PM	18.13a	5.76a	19.33ab	33.66b	34.26a	12 271.20b
	WM60	17.16a	5.66b	20a	35ab	35.46a	13 484.11a
	BM60	18.03a	5.83a	20a	33.33b	35.15a	13 224.36a
	CK	18.16a	5.66b	18.66b	35.66a	36.97a	12 922.25a
2017	PM	16.21b	5.05c	19.33a	33.33b	32.62b	11 686.8c
	WM60	16.11b	5.2bc	18.66a	36.33a	36.02a	13 379.01a
	BM60	15.33c	5.4b	16.66b	28.66c	37.57a	12 813.34ab
	CK	17.5a	5.733a	18.66a	35.66a	35.86a	12 238.95b
2018	PM	18.7a	5.566a	18.66b	35.66a	32.65a	12 375.62a
	WM60	19.13a	5.8a	20a	37a	27.88b	11 193.13b
	BM60	15.76b	5.6a	17.33b	32.33b	29.3b	11 238.01b
	CK	15.9b	5.633a	16.66c	31.33b	28.09b	10 526.10c

　　2017 年水文年型为平水年,生育期内降雨分配不均,玉米生长前
期和中期,干旱少雨,8 月上旬降雨量为 193.2 mm,占全生育期降雨量
的 66.62%,过量降雨导致灌浆期追施肥集中释放并下沉,普通地膜覆
盖处理玉米根系主要分布在土壤上层,出现脱肥现象,由于地膜的保水
效果,玉米根系长时间处于高湿度土壤中,普通塑料地膜覆盖处理玉米
出现了病虫害和倒伏的情况,造成严重减产。2017 年 WM60 和 BM60
处理产量分别较 CK 处理增加 9.32%和 4.69%。

　　2018 年水文年型为枯水年,生育前期和中期降雨较少,PM 较
WM60 和 BM60 处理分别增产 7.31%和 6.94%,差异显著(P<0.05),

WM60 和 BM60 处理产量较 CK 处理分别增加 6.34% 和 6.76%,差异显著($P<0.05$)。

综上所述,在平水年,普通塑料地膜覆盖处理在生育前期和中期消耗大量养分,土壤水热状况良好,玉米的营养生殖过度消耗土壤养分,在生育后期土壤肥力下降,雨水利用率低,且普通塑料地膜覆盖处理生育后期土壤温度较高,玉米植株茂盛,作物夜间的呼吸作用消耗了大量的有机质,减少了玉米籽粒的积累,造成减产;裸地处理产量低于诱导期 60 d 的氧化-生物双降解地膜处理,说明氧化-生物双降解地膜在生育前期增温保墒效果为春玉米生长提供了良好的条件,氧化-生物双降解地膜降解后,增温效果逐渐消失,抑制了春玉米植株的过度营养生殖,生育后期增加降雨利用,因此在平水年,氧化-生物双降解地膜覆盖处理可取得较高的产量。在枯水年,氧化-生物双降解地膜覆盖处理和裸地处理产量均低于平水年产量,因此生育前期和中期干旱的枯水年,覆膜期越长,产量越高。

7.4 不同诱导期氧化-生物双降解地膜覆盖对玉米产量及产量因子的影响

2016 年,WM60 和 WM80 处理产量较 WM100 处理增加了 8.12% 和 4.19%,BM60 和 BM80 处理产量较 BM100 处理分别增加了 7.21% 和 4.88%,产量随着诱导期的增加逐渐减小,白色氧化-生物双降解地膜较黑色氧化-生物双降解地膜平均产量提高了 1.17%,在生育期降雨分布均匀且降雨量适中的平水年,玉米覆膜时间越短,产量越高。

2017 年,WM60 和 WM80 处理产量较 WM100 处理分别增加了 5.12% 和 0.10%,BM60 和 BM80 处理产量较 BM100 处理分别增加了 4.37% 和 0.08%,诱导期 60 d 氧化-生物双降解地膜产量显著高于其余处理,诱导期 60 d 和 80 d 的氧化-生物双降解地膜处理差异不显著。相同诱导期的白色和黑色氧化-生物双降解地膜处理之间产量差异不显著($P>0.05$)。

2018 年,WM60 和 WM80 处理产量较 WM100 处理分别降低了

12.09%和2.13%,BM60和BM80处理产量较BM100处理分别降低了8.31%和1.66%,枯水年,随着诱导期的增加,产量逐渐增加。

综上所述,在平水年,氧化-生物双降解地膜破损后有助于提高降雨利用率,降低生育后期土壤温度,诱导期60 d处理可取得最高的产量;在枯水年,覆盖地膜减少土壤蒸发,诱导期100 d的氧化-生物双降解地膜处理获得最高产量。

表7-3 不同诱导期氧化-生物双降解地膜覆盖对玉米产量因子和产量的影响

年份	处理	穗长/cm	穗宽/cm	穗行数	行粒数	百粒重/g	产量/(kg/hm²)
2016	WM60	17.16ab	5.6b	20a	35a	35.46a	13 484.11a
	WM80	16.4b	5.9a	20a	31.66b	34.33ab	12 994.78ab
	WM100	16.83ab	5.6b	19.33ab	32c	33.06b	12 471.34b
	BM60	18.03a	5.833ab	20a	33.33a	35.15a	13 224.36a
	BM80	17.1ab	5.9a	19.33ab	35a	34.72ab	12 937.15ab
	BM100	17.76a	5.533b	18.66b	34.33a	33.24b	12 335.47b
2017	WM60	16.11a	5.2ab	18.66a	36.33a	36.02a	13 379.01a
	WM80	16.08a	5.15ab	18b	35.83a	29.78c	12 848.67ab
	WM100	16.16a	5.1c	18b	35.33a	29.54c	12 727.16ab
	BM60	15.33c	5.4b	16.66c	28.66d	37.57a	12 813.34ab
	BM80	15.16c	5.233ab	19.33a	30.66c	27.82d	12 287.64b
	BM100	15.23c	5.483a	18.66a	33.16b	31.84b	12 277.16b
2018	WM60	19.13a	5.8a	20a	37a	27.88c	11 193.13c
	WM80	18.96a	5.666ab	18bc	36.66a	28.97bc	12 461.2ab
	WM100	17.7b	5.5b	18bc	35.33a	29.64b	12 732.29a
	BM60	15.76c	5.6ab	17.33c	32.33b	29.3bc	11 238.01c
	BM80	17.6b	5.666ab	18.66b	35.66a	30.42b	12 053.27b
	BM100	16.86b	5.533ab	18bc	33.33ab	31.98a	12 256.73ab

7.5　氧化-生物双降解地膜覆盖对玉米水分利用效率的影响

　　不同覆膜处理下玉米的耗水量、产量和水分利用效率如表 7-4 所示。从整体看,3 年耗水量规律一致,PM 耗水量最低,氧化-生物双降解地膜依次为诱导期 100 d、诱导期 80 d、诱导期 60 d,CK 处理耗水量最高,2016 年 PM 处理和 CK 差异显著($P<0.05$),2017 年和 2018 年各处理之间差异不显著($P>0.05$),CK 处理 3 年平均耗水量较 PM 处理增加 5.11%。

　　覆盖地膜对玉米水分利用效率的影响显著(见表 7-4),在灌水量相同的情况下,覆膜可以显著提高玉米的水分利用效率,覆膜和裸地处理玉米 3 年水分利用效率分别维持在 25.41~30.08 kg/(mm · hm²) 和 24.02 ~ 28.37 kg/(mm · hm²),2016 年和 2017 年 WM60、BM60、WM80、BM80、WM100 和 BM100 处理平均水分利用效率分别较 CK 处

表 7-4　玉米的耗水量、产量和水分利用效率

年份	处理	有效降雨量 P/mm	灌水量 I/mm	储水量差 ΔW/mm	耗水量 ET/mm	产量/ (kg/hm²)	水分利用效率/ [kg/(mm · hm²)]
2016	PM	272.03	177.54	−20.89	428.68b	12 271.20b	28.63ab
	WM60	272.03	177.54	1.12	450.69ab	13 484.11a	29.92a
	WM80	272.03	177.54	−4.05	445.52ab	12 994.78ab	29.17a
	WM100	272.03	177.54	−14.18	435.39b	12 471.34b	28.64ab
	BM60	272.03	177.54	2.73	452.3ab	13 222.36a	29.23a
	BM80	272.03	177.54	−2.41	447.16ab	12 937.15ab	28.93ab
	BM100	272.03	177.54	−13.77	435.79b	12 335.47b	28.31b
	CK	272.03	177.54	5.94	455.51a	12 922.25ab	28.37b

续表 7-4

年份	处理	有效降雨量 P/mm	灌水量 I/mm	储水量差 ΔW/mm	耗水量 ET/mm	产量/（kg/hm^{-2}）	水分利用效率/［kg/（mm·hm^2）］
2017	PM	290.42	183.33	-13.95	459.79aD	11 686.8c	25.41c
	WM60	290.42	183.33	-2.39	471.35aB	13 379.01a	28.38a
	WM80	290.42	183.33	-3.32	470.43aB	12 848.67ab	27.31ab
	WM100	290.42	183.33	-8.78	464.97aC	12 727.16ab	27.37ab
	BM60	290.42	183.33	-1.92	471.83aB	12 813.34ab	27.15ab
	BM80	290.42	183.33	-2.52	471.22aB	12 287.64b	26.07b
	BM100	290.42	183.33	-7.64	466.11aC	12 277.16b	26.33b
	CK	290.42	183.33	3.37	477.11aA	12 238.95b	25.65b
2018	PM	225.60	196.79	-2.76	419.62aD	12 075.62b	28.77ab
	WM60	225.60	196.79	13.56	435.95aA	11 193.13c	25.67c
	WM80	225.60	196.79	9.24	431.62aB	12 461.2ab	28.87ab
	WM100	225.60	196.79	0.81	423.19aC	12 732.29a	30.08a
	BM60	225.60	196.79	14.92	437.30aA	11 238.01c	25.69c
	BM80	225.60	196.79	10.62	433.01aAB	12 053.27b	27.83b
	BM100	225.60	196.79	1.05	423.43aC	12 256.73ab	28.94ab
	CK	225.60	196.79	15.65	438.04aA	10 526.10d	24.02d

理提高 2.14%、1.22%、1.18%、0.49%、0.99% 和 0.31%，PM、WM100、BM100 和 CK［28.37 kg/（mm·hm^2）］处理之间水分利用效率差异不显著；2018 年 PM 处理水分利用效率［28.77 kg/（mm·hm^2）］较 WM60、BM60、CK 处理分别提高 10.78%、14.58%、16.98%，与 WM80、BM80、WM100 和 BM100 间水分利用效率差异不显著（$P>0.05$）。

综上所述，在平水年，诱导期 60 d、80 d 氧化-生物双降解地膜覆盖处理可获得较高的水分利用效率;在枯水年,普通塑料地膜覆盖和诱导期 60 d、80 d 氧化-生物双降解地膜覆盖处理可获得最高的水分利用效率。

7.6　氧化-生物双降解地膜经济效益

经济效益是衡量一项种植技术能否被广泛推广的重要因素。统计数据分为投入指标和产出指标,其中投入指标划分为全生产期机械人工使用指标、农资及管材(件)使用量指标和灌水费用指标(见表 7-5),产出指标分为田间材料回收指标、作物产量指标和秸秆利用指标。田间材料回收主要为:滴灌带和支管的回收,375 元/hm^2;田间秸秆回收,300 元/hm^2;玉米籽粒回收按照当地玉米价格,1.8 元/kg。

表 7-5　全生产期总费用　　　　单位:元/hm^2

内容		PM	WM/BM	CK
机械人工费	旋地	600	600	300
	播种	300	300	225
	中耕除草等	1 800	1 800	1 800
	农膜清理	300	0	0
农资及管材	管材	1 665	1 665	1 665
	地膜	585	1 184.5	0
	种子肥料	1 860	1 860	1 860
灌水电费	2016 年	199.7	199.7	199.7
	2017 年	206.3	206.3	206.3
	2018 年	221.4	221.4	221.4

玉米经济效益分析见表7-6。2016年,CK处理取得最高的经济效益,WM60、WM80、BM60、BM80处理的总产值高于CK处理,但增加旋地和地膜投入,净收入较CK处理分别降低了548.15元/hm^2、1428.95元/hm^2、1019.30元/hm^2和1532.68元/hm^2。

表7-6　玉米的经济效益分析

年份	处理	总投入/(元/hm^2)	总产值/(元/hm^2)	净收入/(元/hm^2)	产投比
2016	PM	7 309.7	22 763.16	15 453.46	3.11
	WM60	7 609.2	24 946.40	17 337.20	3.28
	WM80	7 609.2	24 065.60	16 456.40	3.16
	WM100	7 609.2	23 123.41	15 514.21	3.04
	BM60	7 609.2	24 475.25	16 866.05	3.22
	BM80	7 609.2	23 961.87	16 352.67	3.15
	BM100	7 609.2	22 878.85	15 269.65	3.01
	CK	6 049.70	23 935.05	17 885.35	3.96
2017	PM	7 316.3	21 711.24	14 394.94	2.97
	WM60	7 615.8	24 757.22	17 141.42	3.25
	WM80	7 615.8	23 802.61	16 186.81	3.13
	WM100	7 615.8	23 583.89	15 968.09	3.10
	BM60	7 615.8	23 739.01	16 123.21	3.12
	BM80	7 615.8	22 792.75	15 176.95	2.99
	BM100	7 615.8	22 773.89	15 158.09	2.99
	CK	6 056.30	22 705.11	16 648.81	3.75

续表 7-6

年份	处理	总投入/ (元/hm²)	总产值/ (元/hm²)	净收入/ (元/hm²)	产投比
2018	PM	7 331.4	22 411.12	15 079.72	3.06
	WM60	7 630.9	20 822.63	13 191.73	2.73
	WM80	7 630.9	23 105.16	15 474.26	3.03
	WM100	7 630.9	23 593.12	15 962.22	3.09
	BM60	7 630.9	20 903.42	13 272.52	2.74
	BM80	7 630.9	22 370.89	14 739.99	2.93
	BM100	7 630.9	22 737.11	15 106.21	2.98
	CK	6 071.4	19 621.98	13 550.58	3.23

2017 年,WM60 处理取得最高的经济效益,CK 处理次之,所有氧化-生物双降解地膜处理总产值均高于 CK 处理,除 WM60 处理外,其余降解膜处理产量较 CK 没有明显的提高,增产收入低于增加的投入。

2018 年,净收入排序为 WM100>WM80>BM100>PM>BM80>CK>BM60>WM60,WM100、WM80、PM 处理净收入较 CK 处理分别提高了 2 411.64 元/hm²、1 923.68 元/hm²、1 529.14 元/hm²,WM60、BM60 和 CK 处理净收入依次为 13 191.73 元/hm²、13 272.52 元/hm² 和 13 550.58 元/hm²,差异不显著。

从整体看,3 年产投比均为 CK 处理最高,因为覆膜增加了投入,降低了产投比。各年份取得最高产量的氧化-生物双降解地膜覆盖处理总产值均高于裸地处理,且不会造成环境污染。因此,在未来粮食生产中,覆盖氧化-生物双降解地膜是节水增粮的最佳选择,政府部门应发挥职能,鼓励和补贴农民使用可降解地膜,同时制定可降解地膜生产标准,大量生产和推广应用,降低使用可降解地膜的成本。

7.7 讨论与结论

玉米的生长发育与最终产量的形成直接受地面覆盖等土壤环境改变的影响。吴杨[79]研究表明普通地膜和降解地膜覆盖处理由于有效改善了玉米生育期,特别是生育前期的土壤水温条件,在缩短玉米生育期的同时显著提高了玉米茎粗、株高、叶面积与干物质积累。周昌明等[78]通过对夏玉米地上部分生长的影响研究发现,株高在播种后 80 d 达到最大值,叶面积均在播种后 60 d 达到最大值,其中降解地膜处理的株高、叶面积、干物质量增加程度与普通地膜无显著差异。张景俊[59]研究了普通地膜和不同降解速度降解地膜覆盖对玉米生长发育的影响,慢速、中速、快速降解地膜覆盖处理株高较普通地膜处理分别降低了 4.29 cm、8.11 cm 和 21.86 cm,茎粗最大差值分别为 0.05 cm、0.11 cm 和 0.21 cm;叶面积指数分别降低了 3.21%、8.36% 和 11.97%,中速、快速降解膜与普通地膜呈显著差异($P<0.05$),慢速降解地膜降解速度缓慢,各项生长指标与 PM 处理相近,无显著差异($P>0.05$)。本书研究表明,随着生育期的推进,玉米叶面积指数和株高均呈现先增后降之趋势,于作物灌浆期达到最大值,覆膜处理的株高和叶面积在苗期和拔节期显著大于裸地处理;2016 年和 2017 年氧化-生物双降解地膜覆盖处理的叶面积指数与普通塑料地膜覆盖处理无显著差异,2018 年 WM60 和 BM60 处理的叶面积指数显著低于 PM 处理,这与 2018 年降雨量少,覆膜减少土壤水分蒸发,为覆膜时间较长的处理土壤水分较高有关。

周昌明等[158]研究表明,相较于裸地 CK 对照,降解膜覆盖处理的作物根长、根体积、根表面积和根质量均显著提高,根系密度可增加 13.33%。本书研究表明,随着距地表深度的增加,玉米根长密度递减,绝大部分根系集中于 0~40 cm 土层内,裸地处理主要根系分布范围较覆膜处理深 10 cm 左右,在覆膜处理中,PM 处理根系分布最浅,WM60 与 BM60 处理次之。PM、WM60、BM 处理 0~60 cm 土壤的根长密度分别为 3.67 cm/cm³、3.85 cm/cm³、3.78 cm/cm³,较 CK 对照(3.49

cm/cm^3)分别增加了 5. 16%、10. 39%、8. 34%。

白有帅等[66]的研究显示生物降解地膜也可以达到增产的目的,小麦的成穗数和穗粒数比对照裸地处理分别增加了 10% 和 12%,千粒重差异不显著,并且生物降解地膜的增产效果与普通地膜差异不显著。周昌明等[78]也得出类似结论,从产量组成角度来看,相较于 CK 对照处理,普通地膜与降解地膜覆膜下夏玉米果穗长、果穗粗、果穗重及百粒重等指标均显著提高。王敏等[122]研究表明,塑料地膜覆盖处理促进玉米生长和增产的作用高于生物降解地膜覆盖处理,但玉米地上部分干重、穗粗、行粒数、经济产量、生物产量和水分利用效率均无显著($P<0.05$)差异。李仙岳等[71]设置了白色、黑色快速、中速、慢速降解地膜,并以白色、黑色塑料地膜和无膜覆盖作为对照,研究结果表明,白色、黑色慢速降解膜覆膜处理与对应的塑料地膜覆膜处理相比,产量差异不显著($P>0.05$),而不同降解速率相同颜色的降解地膜覆膜处理产量差异显著($P<0.05$),降解地膜覆膜产量由高到低的顺序为:慢速、中速、快速,这与张景俊[59]研究结论相同。刘蕊等[39]以东北地区覆膜玉米为试验对象,研究表明氧化-生物双降解地膜覆盖处理下玉米产量最高,比普通地膜覆盖处理和 CK 分别高出 6. 8% 和 35. 2%。白雪等[36]也得到相同结论,在产量方面表现为,生物降解地膜>渗水地膜>普通地膜>光降解地膜>不覆膜对照。本书研究表明,诱导期 60 d 的氧化-生物双降解地膜处理的产量在平水年显著高于 PM 处理,在枯水年低于 PM 处理,差异显著($P<0.05$);在平水年,与不同诱导期的氧化-生物双降解地膜相比,诱导期 60 d 可取得最高的产量;在枯水年,诱导期 100 d 的氧化-生物双降解地膜处理获得最高产量,诱导期 80 d 处理与诱导期 100 d 处理产量无显著差异($P>0.05$)。地膜破损后有助于提高降雨利用率,增加产量,但在降雨量较少的年份,降解过早会降低产量。因此,建议在平水年,选取诱导期 60 d 左右的氧化-生物双降解地膜;在枯水年,建议诱导期大于 80 d。

张景俊[59]研究表明,普通塑料地膜覆盖处理的水分利用效率较降解地膜处理平均提高了 11. 28%,差异显著($P<0.05$)。郭宇[60]认为,覆膜处理的水分利用效率均大于裸地处理,普通塑料地膜覆盖处理的

水分利用效率较降解膜处理提高了 4.74 kg/(mm·hm²)。周昌明
等[78]也得到类似结论。吴杨[79]研究表明,普通塑料地膜覆盖处理和
降解地膜覆盖处理显著提高了玉米生育前期的水分利用效率,播种—
拔节期水分利用效率较裸地对照提高了 233.61%~2 486.05%,抽雄—
成熟期,较裸地对照有不同程度的降低。Wang 等[50]对新疆棉花试验
研究表明,相较于裸地处理,生物降解地膜覆膜处理的作物水分利用效
率可提高 20%。本书研究表明,覆膜和裸地处理玉米 3 年水分利用效
率分别维持在 25.41~30.08 kg/(mm·hm²)和 24.02~27.17 kg/(mm
·hm²)。在平水年,诱导期 60d 的氧化-生物双降解地膜处理水分利
用效率最高,2016 年和 2017 年 WM60、BM60、WM80、BM80、WM100 和
BM100 处理平均水分利用效率分别较 CK 处理提高 2.55%、1.31%、
1.35%、0.62%、1.11%和 0.43%,PM、WM100、BM100 和 CK[27.17 kg/
(mm·hm²)]处理之间水分利用效率差异不显著;在枯水年,诱导期
100 d 的氧化-生物双降解地膜处理水分利用效率最高,与 WM80、
BM80 和 PM 处理水分利用效率差异不显著(P>0.05)。

　　张杰等[76]从降解地膜与普通地膜的经济成本角度分析,认为降解
地膜与普通地膜的成本分别为 449 元/hm²、468 元/hm²,两种地膜的产
量差异性不显著,因此表明生物降解地膜具有广泛的推广应用价值。
郭仕平等[69]从经济效益角度对烤烟普通地膜覆膜与降解地膜覆膜进
行了研究,结果表明相较于降解地膜覆膜处理,普通地膜覆膜处理可将
中上等烟的比例提高 5.82%,产量提高 22.8 kg/hm²,从而普通地膜的
经济产值比降解地膜高 719.5 元,更具有推广应用价值。吴杨等计算
了普通塑料地膜覆盖、降解地膜覆盖和裸地对照处理的净收入和产投
比,普通塑料地膜覆盖处理的 3 年平均净收入较降解地膜覆盖处理和
裸地对照处理增加了 5 755.9 元/hm² 和 7 775.6 元/hm²,降解地膜覆
盖处理的产投比分别较普通塑料地膜覆盖处理和裸地对照处理平均降
低了 21.3%和 25.1%。本书研究表明,3 年产投比均为 CK 处理最高,
因为覆膜增加了投入,降低了产投比;2016 年 WM60 处理总产值最高,
但覆膜处理增加了投入,CK 处理净收入最高,2017 年 WM60 处理取得
最高总产值与净收入,2018 年 WM100 处理取得最高总产值与净收入。

7.8　小　结

(1)普通塑料地膜覆盖处理和氧化-生物双降解地膜覆盖处理的株高、叶面积指数和干物质量在苗期和拔节期显著大于裸地处理;玉米生育后期,诱导期 60 d 的氧化-生物双降解地膜处理的株高与普通地膜处理差异不显著,干旱年份,灌浆期叶面积指数和干物质量较普通地膜覆盖处理降低了 8.78% 和 5.27%;不同诱导期的氧化-生物双降解地膜覆盖处理的株高、叶面积指数和干物质量在苗期和拔节期差异不显著。

(2)玉米根系随着距地表深度的增加,根长密度呈递减趋势,玉米根系主要集中在 0~40 cm 土层内,裸地处理主要根系分布范围较覆膜处理深 10 cm 左右。PM、WM60、BM 处理 0~60 cm 土壤的根长密度分别为 3.67 cm/cm³、3.85 cm/cm³、3.78 cm/cm³,较 CK 对照(3.49 cm/cm³)增加了 5.16%、10.39%、8.34%。

(3)在平水年,诱导期 60 d 处理可取得最高产量;在枯水年,覆盖地膜抑制土壤蒸发,诱导期 100 d 处理可获得最高产量。

(4)在平水年,氧化-生物双降解地膜 WM60、BM60、WM80 和 BM80 处理可获得最高的水分利用效率,平均较 CK 处理提高了 1.46%;在枯水年,PM、WM80、BM80、WM100 和 BM100 处理可获得最高的水分利用效率,平均较 CK 处理提高了 17.01%。

(5)3 年产投比均为 CK 处理最高,因为覆膜增加了投入,降低了产投比;2016 年 WM60 处理总产值最高,CK 处理净收入最高,2017 年 WM60 处理取得最高总产值与净收入,2018 年 WM100 处理取得最高总产值与净收入。

(6)综合考虑产量、水分利用率和经济效益,建议在平水年选择诱导期 60~80 d,枯水年选择诱导期 80~100 d。

8　氧化-生物双降解地膜覆盖水热运移数值模拟及覆盖期优化

8.1　HYDRUS-2D 模型简介

　　HYDRUS-2D 模型是运用计算机模拟田间沟灌和滴灌实际的土壤水热及溶质的二维或三维运动的有限元计算机模型。该模型可以根据田间实际情况设置给定流量边界、定水头和变水头边界、自由排水边界、渗水边界、大气边界及排水沟边界等各类边界。目前,该模型广泛应用于模拟滴灌条件下土壤水分、热量及溶质等的运移及分布规律,该模型内置了作物根系对水分及营养物质的吸收以及土壤持水能力的滞后效应,较好地模拟蒸散发与降雨(灌溉)、地下水位变化以及土壤水分、热量的运移等过程。

8.1.1　基本方程

8.1.1.1　土壤水分运动基本方程

　　膜下滴灌种植模式下土壤水分为轴对称的三维运动。本书研究滴头间距较小(25 cm),可将地表滴灌土壤水分运动近似成二维的运动[159-160],此时,土壤水分运动方程可表示为

$$\frac{\partial \theta(h)}{\partial t} = \frac{\partial}{\partial r}\left[K(h)\frac{\partial h}{\partial r}\right] + \frac{\partial}{\partial z}\left[K(h)\frac{\partial h}{\partial z} + K(h)\right] - S(h) \quad (8-1)$$

式中:θ 为土壤体积含水率,cm^3/cm^3;$K(h)$ 为非饱和导水率,是土壤含水量的函数,cm/d;h 为压力水头,cm;r 为横坐标,cm;z 为纵坐标(向上为正),cm;t 为时间,d;$S(h)$ 为源汇项,表示根系吸水,指单位时间单位体积土壤中根系吸水率,d^{-1}。

8.1.1.2　土壤热运移方程

非冻土土壤水分包括液态水与气态水两部分,忽略气态水扩散而仅考虑液态水的运动对土壤热量传输的影响,二维土壤热流运动的基本方程[161]可表示为

$$C(\theta) \frac{\partial T}{\partial t} = \frac{\partial}{\partial r} \left[\lambda_{ij}(\theta) \frac{\partial T}{\partial z} \right] - C_w q_i \frac{\partial T}{\partial r} \qquad (8-2)$$

式中:$\lambda_{ij}(\theta)$ 为土壤表观热导率,W/(cm · ℃);$C(\theta)$ 为土壤总的体积热容量,J/(cm³ · ℃);C_w 为水的体积热容量,J/(cm³ · ℃);T 为土壤温度,℃;q_i 为水流通量,cm/d。

8.1.1.3　根系吸水

土壤水分运动方程中,$S(h)$ 为根系吸水项,可用 Feddes 模型[162]描述为

$$S(h) = \alpha(h) S_p \qquad (8-3)$$

式中:S_p 为潜在根系吸水量,d⁻¹;$\alpha(h)$ 为土壤水分胁迫的无量纲函数。

Feddes 模型[162]给出了 $\alpha(h)$ 的表达式,即

$$\alpha(h) = \begin{cases} \dfrac{h - h_1}{h_2 - h_1} & h_2 < h \leqslant h_1 \\ 1 & h_3 < h \leqslant h_2 \\ \dfrac{h - h_4}{h_3 - h_4} & h_4 < h \leqslant h_3 \end{cases} \qquad (8-4)$$

式中:h_1 为植物厌氧生活点的压力水头;h_2 和 h_3 为植物最优生长点的压力水头;h_4 为植物生长凋萎点的压力水头。

根据 Wesseling[163] 的研究,对于玉米生长,$h_1 = -10$ cm,$h_2 = -25$ cm,$h_3 = -325 \sim -600$ cm,$h_4 = -8\ 000$ cm。

8.1.1.4　蒸发蒸腾量

HYDRUS-2D 需要划分潜在蒸发 E_c 和植物蒸腾 T_c [164]:

$$T_c = ET_c(1 - e^{-\mu \cdot LAI}) \qquad (8-5)$$

$$E_c = ET_c - T_c \qquad (8-6)$$

式中:LAI 为植被叶面积指数;μ 为植物冠层辐射衰减系数。

8.1.2 模型初始和边界条件

考虑滴灌试验布置的对称性,选取半个种植单元(60 cm)进行模拟,OG 为覆膜区,宽度为 35 cm(见图 8-1)。初始条件为播后 1 d 不同位置(滴灌带正下方 $r=0$ cm、玉米苗间 $r=17.5$ cm)和宽行行间($r=60$ cm)不同深度(10 cm、30 cm、50 cm、70 cm 和 90 cm)的土壤含水量,玉米苗间不同深度处(5 cm、10 cm、15 cm、20 cm、25 cm 和 35 cm)的温度。考虑地膜覆盖区产生的径流效应,根据种植单元覆盖率的百分比,普通地膜处理和生物降解地膜处理(未降解阶段),宽行行间未覆膜区域降雨量增加 1.4 倍[106]。

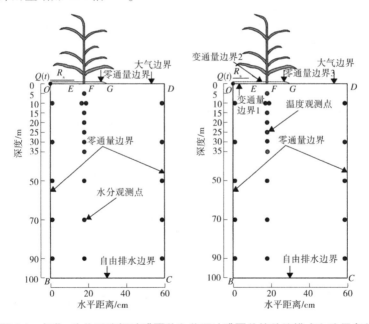

图 8-1 氧化-生物双降解地膜覆盖和普通地膜覆盖的种植模式和边界条件

在氧化-生物双降解地膜处理条件下,由于生物降解地膜随着生育期推进逐渐降解,且沿 x 轴正方向降解率逐渐减小,将覆盖区分为 OE、EF、FG 三个区域。

在氧化-生物双降解地膜处理条件下,OE、EF、FG 区域分别被指定为"时间-变量通量 1""时间-变量通量 2""时间-变量通量 3"边界条件。时间-变量通量边界条件计算公式[114]可表示为:

$$E_d = E_c \times FD - R \tag{8-7}$$

式中:E_d 为地表通量,mm/d;E_c 为潜在蒸发,mm/d;FD 为地膜破损率(%);R 为降雨速率,mm/d。

由于模型选取的模拟时段较长,因此忽略灌水过程中饱和区半径随时间的变化,假设饱和区半径为定值 R_s(见图 8-1),计算区域上边界饱和区在灌水过程中为随时间变化的通量边界,普通地膜覆盖的下不饱和区为零通量边界,灌水结束后土壤表面覆膜区域为零通量边界,不覆膜区域始终为大气边界。氧化-生物双降解地膜的 OE、EF、FG 区域在破损后成为变通量边界。

对于土壤热运移,灌水时 R_s 区域内为第三类边界条件(Cauchy 边界);不灌水时,覆膜区域为第二类边界条件(Neumann 边界);未覆膜区温度边界条件为第一类边界条件。生物降解地膜处理降解后 OE、EF、FG 区域在破损后变为第三类边界条件。

生物降解地膜处理降解前和普通地膜处理的上边界条件可表示为式(8-8),生物降解地膜降解后,降解区域的上边界条件可表示为式(8-9)。

$$\begin{cases} -K(h)\dfrac{\partial h}{\partial z} - K(h) = \sigma(t) & 0 \leqslant r \leqslant R_s, z = 100 \\[2mm] -K(h)\dfrac{\partial h}{\partial z} - K(h) = 0 & R_s \leqslant r \leqslant 35, z = 100 \\[2mm] -K(h)\left(\dfrac{\partial h}{\partial z} + 1\right) = E(t) & 35 \leqslant r \leqslant 60, z = 100 \\[2mm] -\lambda_v(\theta)\dfrac{\partial T}{\partial z} + TC_v q_i = T_0 C_v q_i & 0 \leqslant r \leqslant R_s, \text{for}(x,z) \in \Gamma_C \\[2mm] \lambda_{ij}\dfrac{\partial T}{\partial r_j}n_i = 0 & R_s \leqslant r \leqslant 35, \text{for}(r,z) \in \Gamma_N \\[2mm] T(r,z,t) = T_0(r,z,t) & 35 \leqslant r \leqslant 60, \quad \text{for}(r,z) \in \Gamma_D \end{cases}$$

$$\tag{8-8}$$

$$\begin{cases} -K(h)\dfrac{\partial h}{\partial z} - K(h) = E_d(t) & R_s \leqslant r \leqslant 35, z = 100, t > 0 \\[3mm] -\lambda_v(\theta)\dfrac{\partial T}{\partial z} + TC_v q_i = T_0 C_v q_i & R_s \leqslant r \leqslant 35, \text{for}(r,z) \in \Gamma_C, t > 0 \end{cases}$$

$$(8\text{-}9)$$

式中：Γ_C 为 Cauchy 边界；Γ_D 为 Dirichlet 边界；Γ_N 为 Neumann 边界；$E(t)$ 为土壤入渗率或潜在蒸发率，cm/h；$\sigma(t)$ 为灌水过程中进水边界的通量，cm/h；$\sigma(t) = Q(t)/\pi R_s^2$，其中 $Q(t)$ 为滴头流量，cm^3/h；R_s 为灌水饱和区半径，cm；r 为径向坐标，cm；$T_0(r, z, t)$ 为实测的土壤表面温度，℃。

假定模拟区域左、右边界（r 分别为 0、60 cm）均为不透水边界，即为零通量边界。通过试验观测，试验区域地下水位在 8.5 m 左右，地下位变化对试验无影响，假定下边界为自由出流边界。对土壤热运移，左右边界[式(8-10)]和下边界[式(8-11)]均为零通量边界(Neumann 边界)。

$$\begin{cases} -K(h)\dfrac{\partial h}{\partial r} = 0 & r = 0, r = 60, 0 \leqslant z \leqslant 100, t > 0 \\[3mm] \dfrac{\partial h}{\partial z} = 0 & z = 0, 0 \leqslant r \leqslant 30, t > 0 \end{cases}$$

$$(8\text{-}10)$$

$$\lambda_{ij}\dfrac{\partial T}{\partial r_j}n_i = 0 \quad \text{for } (r,z) \in \Gamma_N \qquad (8\text{-}11)$$

8.2　模型参数率定

8.2.1　模型时空设置

本书试验研究区年均地下水埋深为 8.5 m，地下水埋深较深。0~100 cm 土层是土壤水分发生变化的主要深度，因此模型采取对 0~100 cm 土层进行重点模拟。模型参数率定时间从 2016 年 5 月 1 日至 9 月 17 日。模型验证时间定为 2017 年和 2018 年 5 月 1 日至 9 月 17 日，共 140 d。根据收敛迭代次数调整计算时间步长。

8.2.2 土壤水动力学参数确定

本书研究采用 3 种方法估计和校准不同土层的水动力学参数。通过室内试验数据,利用 RETC 软件的土壤水分特征曲线[165]获取;依据土壤质地数据,使用 Rosetta 模型[166]基于神经网络得到土壤转换函数(pedotransfer functions)估计土壤水力学参数;通过 2016 年田间实测含水率数据,利用 HYDRUS-2D 软件的反演模型(Marquardt-Levenberg 参数优化算法)得到各土壤水力学参数[167]。率定后参数如表 8-1 所示。

表 8-1 土壤物理性质及水力特性参数

土层/ cm	砂粒/ %	粉粒/ %	黏粒/ %	土壤类型	容重/ (g/cm^3)
0~20	36.76	52.7	10.54	粉砂壤土	1.39
20~40	21.65	48.81	29.54	黏壤土	1.38
40~70	20.18	39.15	40.67	黏土	1.23
70~100	73.01	25.58	1.41	壤质砂土	1.32
土层/ cm	θ_r/ (cm^3/cm^3)	θ_s/ (cm^3/cm^3)	α/ ($1/cm$)	$n/(-)$	K_s/ (cm/d)
0~20	0.075	0.403	0.005 6	1.637	37.90
20~40	0.079	0.400	0.010 0	1.470	25.75
40~70	0.098	0.451	0.013 0	1.352	4.43
70~100	0.051	0.377	0.039 0	2.459	179.02

将 2016 年数据运用表 8-1 中参数进行模拟,与实测值进行误差分析。PM、WM 和 BM 处理体积含水率的 R^2、MRE 和 RMSE 如表 8-2 所示。PM、WM 和 BM 处理的 R^2 为 0.71 ~ 0.84,MRE 为 6.88% ~ 12.99%,RMSE 为 0.01 ~ 0.05 cm^3/cm^3,率定精度较高。PM、WM 和 BM 三个处理在滴灌带下、玉米苗间和宽行行间的 R^2 平均值为 0.82、0.81 和 0.75,MRE 的平均值分别为 7.96%、9.38% 和 10.95%,RMSE 的平均值分别为 0.02 cm^3/cm^3、0.02 cm^3/cm^3 和 0.03 cm^3/cm^3。WM 和 BM 处理的模型精度低于 PM 处理,R^2、MRE、RMSE 平均降低 1.26%、7.76%、13.85%,宽行行间区域的精度低于玉米苗间和滴灌带

下区域的精度,R^2、MRE、RMSE 分别降低 7.63%、16.29%、20.69%。0~20 cm 土层的 R^2、MRE、RMSE 分别为 0.77、9.79%、0.04 cm^3/cm^3。20~100 cm 土层的 R^2、MRE、RMSE 分别为 0.80、9.25%、0.04 cm^3/cm^3,这与 0~20 cm 土层受灌水和降雨的影响较大有关。

表 8-2　2016 年 PM、WM 和 BM 不同位置土壤含水率的误差分析

深度/cm	位置	R^2			MRE/%			RMSE/(cm^3/cm^3)		
		PM	WM	BM	PM	WM	BM	PM	WM	BM
0~20	滴灌带下	0.78	0.79	0.81	9.88	8.54	8.47	0.02	0.03	0.03
	玉米苗间	0.75	0.77	0.79	8.63	11.20	11.04	0.03	0.04	0.04
	宽行行间	0.77	0.75	0.75	10.67	11.44	10.22	0.03	0.04	0.05
20~40	滴灌带下	0.81	0.84	0.83	10.41	8.24	8.22	0.01	0.01	0.01
	玉米苗间	0.80	0.84	0.81	12.38	10.22	10.48	0.01	0.01	0.01
	宽行行间	0.83	0.73	0.76	11.55	12.03	12.99	0.02	0.02	0.02
40~100	滴灌带下	0.80	0.84	0.83	6.88	8.31	7.69	0.01	0.01	0.01
	玉米苗间	0.84	0.84	0.83	8.81	7.09	7.54	0.01	0.02	0.01
	宽行行间	0.71	0.72	0.74	9.48	11.45	8.70	0.02	0.03	0.03

8.2.3　土壤热力学参数确定

根据土壤水力学参数,再利用反演模型优化土壤热力学参数 b_1、b_2 和 b_3。利用的实测数据为玉米苗间位置 5 cm、10 cm、15 cm、20 cm、25 cm 和 35 cm 深处的土壤温度。温度周期为 1 d,取地表温度振幅为 5 的土壤温度模拟参数见表 8-3。

表 8-3　土壤热力学参数

Solid	Org	D_L	D_t	b_1	b_2	b_3	C_n	C_o	C_w
0.597	0	5	1	1.567E+016	2.535E+016	9.894E+016	1.433E+014	1.874E+014	3.12E+014

PM、WM 和 BM 处理土壤温度的 R^2、MRE 和 RMSE 如表 8-4 所示。PM、WM 和 BM 处理的 R^2 为 0.77~0.94,MRE 为 0.83%~2.47%,

RMSE 为 0.99~3.06 ℃,率定精度较高。WM 和 BM 处理的模型精度低于 PM 处理,与含水率模型一致。总体而言,地温模拟精度高于含水率,各处理的含水率与土壤温度的实测值与模拟值均具有较高的一致性。

表 8-4 2016 年 PM、WM 和 BM 不同位置土壤温度的误差分析

深度/ cm	R^2			MRE/%			RMSE/℃		
	PM	WM	BM	PM	WM	BM	PM	WM	BM
5	0.82	0.79	0.77	2.47	2.09	2.09	2.02	2.97	3.06
10	0.90	0.80	0.82	1.33	1.66	1.59	2.04	1.91	1.98
15	0.92	0.85	0.88	1.16	1.70	1.64	1.98	3.06	2.98
20	0.93	0.87	0.88	1.05	2.01	1.71	1.94	2.97	3.06
25	0.93	0.90	0.87	0.91	1.60	1.57	2.04	3.03	2.97
35	0.94	0.89	0.91	0.83	1.41	1.30	0.99	3.04	3.03

图 8-2 和图 8-3 分别为 2016 年不同深度土层体积含水率和土壤温度在生育期内动态变化的模拟值与实测值对比。

8.3 模型验证

采用 2017 年 0~20 cm 土层平均土壤体积含水率和 5~15 cm 土壤温度实测数据和模拟数据进行验证。如图 8-4 所示,土壤体积含水率、土壤温度实测值与模拟值基本均匀分布在 1∶1 线两侧,2017 年 PM、WM、BM 的土壤体积含水率 R^2 为 0.76~0.78,MRE 为 9.72%~10.54%,RMSE 为 0.026~0.057 cm^3/cm^3,土壤温度的 R^2 为 0.78~0.84,MRE 为 5.54%~8.77%,RMSE 为 0.016~0.037 ℃,说明实测值与模拟值拟合较好。

综上所述,基于 HYDRUS-2D 构建的不同地膜覆盖的膜下滴灌水热模拟模型,可满足模拟要求。

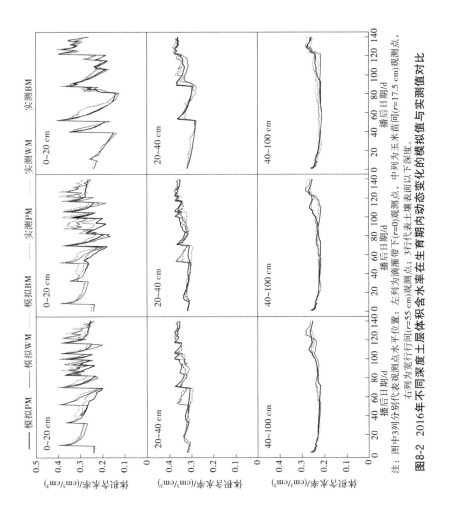

注:图中3列分别代表观测点水平位置:左列为滴灌带下(r=0)观测点,中列为滴灌带间(r=55 cm)观测点,右列为宽行行间(r=17.5 cm)观测点,3行代表土壤表面以下深度。

图8-2 2016年不同深度土层体积含水率在生育期内动态变化的模拟值与实测值对比

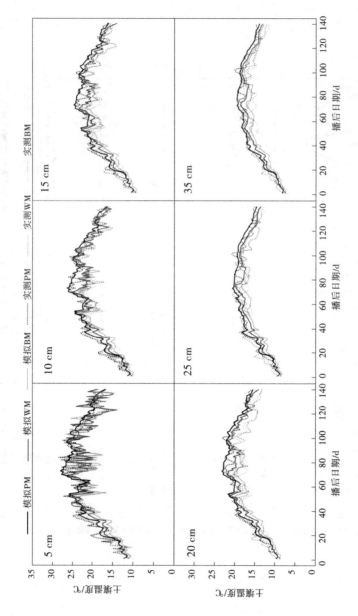

图8-3 2016年不同处理0~35 cm土壤温度在生育期内动态变化的模拟值与实测值对比

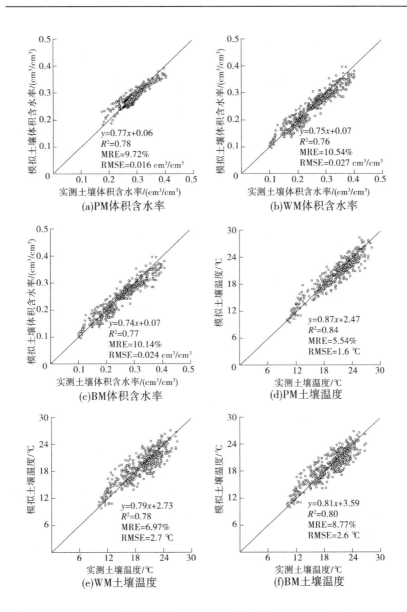

图 8-4 HYDRUS-2D 模型模拟的 2017 年土壤体积含水率与土壤温度验证结果

8.4　模型应用氧化-生物双降解地膜最优覆盖期优选

如果生物降解地膜覆盖期较短,那么对作物生育前期的增温保墒效果就不能完全发挥[56]。另外,我国北方降雨全年以 7 月、8 月最为集中[57],完整的地膜覆盖降低了降雨利用率[43]。研究不同时间降解的生物降解地膜对土壤水热运移的影响,提出生物降解地膜合理的诱导期,为可降解地膜覆盖的滴灌技术推广提供理论依据。因此,本书通过模型对 8 种不同诱导期(50 d、60 d、70 d、80 d、90 d、100 d、110 d 和 120 d)的白色和黑色氧化-生物可降解地膜进行水热模拟,基础数据采用 2017 年(平水年)和 2018 年(枯水年)实测数据,不同诱导期地膜降解后降解速度同实测数据一致。因本书研究试验年份没有丰水年水文年型,因此采用 1991 年(生育期降雨 361.9 mm)气象数据,作物基础数据采用 2016 年实测数据进行丰水年的土壤水热运移模拟。

8.4.1　不同诱导期对土壤含水率的影响

图 8-5 为不同诱导期氧化-生物双降解地膜覆盖处理膜下区域平均土壤含水率图。WM 和 BM 处理含水率差异不显著,此处分析 WM 处理,土壤含水率波动主要受降雨和灌水影响,2018 年播后 101 d 灌水,103 d 和 104 d 降雨,以诱导期 70 d 和诱导期 120 d 为例,灌水后含水率较灌水前分别增长了 21.45% 和 25.01%,雨后 2 d 含水率分别较灌水前增长 24.83% 和 10.52%,灌水后诱导期 70 d 含水率增幅小于诱导期 120 d 处理,是因为灌前诱导期 70 d 含水率较诱导期 120 d 低 5.19%;雨后 2 d 诱导期 70 d 降雨利用率比诱导期 120 d 提高了 12.08%,这是因为氧化-生物降解地膜降解前可以减少蒸发,降解后,雨水可以直接渗透到土壤中,提高了降雨利用率。

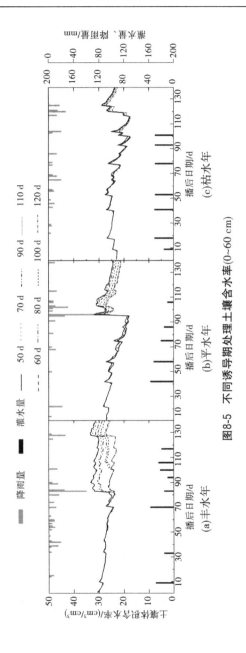

图8-5 不同诱导期处理土壤含水率(0~60 cm)

　　图 8-6 为平均土壤含水率散点图,平水年和枯水年不同诱导期的氧化-生物双降解地膜的含水率拟合曲线是一个二次函数,丰水年为三次函数。丰水年,诱导期为 70 d、80 d、90 d、100 d、110 d 和 120 d 工况的平均土壤含水率与诱导期 60 d 相比分别降低了 2.66%、3.50%、7.35%、8.27%、10.95% 和 10.84%;平水年,诱导期为 90 d、100 d、110 d 和 120 d 工况的平均土壤含水率与诱导期 80 d 相比分别降低了 0.82%、2.11%、3.02% 和 3.38%;枯水年,诱导期为 90 d、100 d、110 d 和 120 d 工况的平均土壤含水率较诱导期 80 d 分别下降 0.31%、0.32%、0.74% 和 1.33%。丰水年建议诱导期 50~60 d,平水年建议诱导期为 50~80 d,枯水年建议诱导期为 50~100 d。

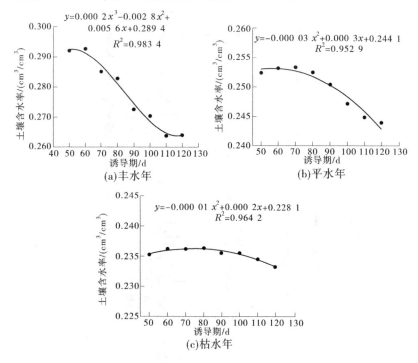

图 8-6　不同诱导期条件下生育期平均土壤含水率散点图

8.4.2　不同诱导期对土壤温度的影响

图 8-7 为 2017 年和 2018 年不同诱导期处理 0~15 cm 土层的平均土壤温度图。WM 和 BM 处理土壤温度变化趋势一致。不同诱导期氧化-生物降解膜降解后,土壤温度明显减小,诱导期为 50 d、60 d、70 d、80 d、90 d、100 d 和 110 d 工况的 2 年平均土壤温度较诱导期 120 d 工况分别降低了 0.51%、0.49%、0.21%、0.19%、0.15%、0.13%、0.13%,诱导期增加至 70 d 后,减小趋势明显减缓,这是因为播后 70 d,玉米枝繁叶茂,植株冠层阻碍地面接收太阳辐射,太阳辐射增加土壤温度的效果减弱。

综上所述,结合含水率模拟结果,试验区最优氧化-生物双降解地膜诱导期建议,丰水年为 60 d 左右,平水年为 60~70 d,枯水年为 70~100 d。

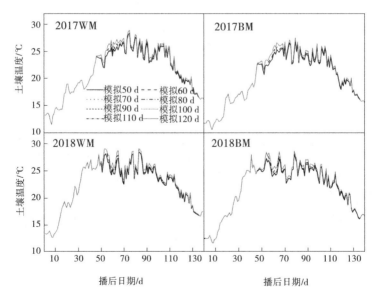

图 8-7　2017 年和 2018 年不同诱导期处理 0~15 cm 土层的平均土壤温度

8.5　讨论与结论

　　本书根据不同地膜的覆盖特征,利用 HYDRUS-2D 模型设置了不同上边界条件,构建膜下滴灌条件下玉米土壤水热运移模型,利用 2016 年试验数据进行模型训练,采用三种方法率定土壤水力学参数,率定后 R^2 为 0.75~0.84,采用 2017 年和 2018 年基础试验数据进行模拟验证。模拟结果表明,HYDRUS-2D 模型模拟值与实测值拟合较好,2017 年 PM、WM、BM 的土壤含水率 R^2 为 0.76 ~ 0.78,MRE 为 9.72%~10.54%,RMSE 为 0.026~0.057 cm^3/cm^3,土壤温度的 R^2 为 0.78~0.84,MRE 为 5.54%~8.77%, RMSE 为 0.016~0.037 ℃,精度较高,参数较为可靠,基于 HYDRUS-2D 构建的不同地膜覆盖的膜下滴灌水热模拟模型,可满足模拟要求。可为内蒙古东部的气候条件制订合理时间诱导降解的氧化-生物降解地膜提供数据支持,在有效改善白色污染的同时增加降雨利用效率,这对作物的生长与增产具有重要的作用。

8.6　小　结

　　(1)依据氧化-生物双降解地膜和普通塑料地膜的特征,利用 HYDRUS-2D 建立了膜下滴灌条件下土壤水热迁移耦合数学模型。采用 2016 年实测数据对模型参数进行了率定,2017 年和 2018 年实测数据进行验证, R^2 为 0.76~0.84,模拟结果与实测数据拟合较好。

　　(2)根据模拟结果,试验区最优氧化-生物双降解地膜诱导期建议为:丰水年 60 d 左右,平水年 60~70 d,枯水年 70~100 d。

9 结论与展望

9.1 主要结论

（1）氧化-生物双降解地膜均在预设诱导期前后开始降解，降解时间可控。随着氧化-生物双降解地膜诱导期的增长，失重率和破损率逐渐降低；氧化-生物双降解地膜裸露地表区域的破损率大于浅层土壤覆盖区；氧化-生物双降解地膜随着生育期推进，力学性能逐渐降低，浅层覆土区的氧化-生物双降解地膜在没有光照的情况下也可正常降解；氧化-生物双降解地膜诱导期越短，断裂伸长率和拉伸强度损失就越大；相同诱导期的黑色氧化-生物双降解地膜的断裂伸长率和拉伸强度损失均大于白色氧化-生物双降解地膜。

（2）普通塑料地膜覆盖处理和氧化-生物双降解地膜覆盖处理的出苗率和生育进程无显著差异，出苗率较裸地处理提高了 5.42%，氧化-生物双降解地膜覆盖处理生育期较裸地处理缩短 5~6 d。

（3）白色氧化-生物双降解地膜覆盖处理在未降解阶段 5~25 cm 土层土壤积温与普通塑料地膜差异不显著，黑色氧化-生物双降解地膜覆盖处理土壤积温较普通塑料地膜降低了 5.07%，差异显著（$P<0.05$）；与裸地处理相比，氧化-生物双降解地膜处理增温效果主要体现在苗期至抽雄期，占积温总增加量的 67.1%~72.5%，随着氧化-生物双降解地膜的破损率增加，增温效果逐渐减弱；氧化-生物双降解地膜处理在未降解阶段，不同诱导期处理土壤温度无显著差异，随着生育期的推进，氧化-生物双降解地膜降解程度差异显著，诱导期 100 d 的氧化-生物双降解地膜生育期土壤积温较诱导期 60 d 和 80 d 增加了 3.62% 和 1.71%。

（4）普通地膜覆盖处理、白色氧化-生物双降解地膜覆盖处理、黑色氧化-生物双降解地膜覆盖处理和裸地处理与最适温度的差值的平均值分别为 1.41 ℃、0.14 ℃、-0.17 ℃和-1.37 ℃。普通地膜覆盖处理全生育期土壤温度均高于最适温度,氧化-生物双降解地膜在未降解阶段和降解初期,土壤温度高于最适温度,抽雄期和灌浆期低于最适温度,生育末期与最适温度差异不显著,裸地处理全生育期土壤温度均低于最适温度。

(5)不同土层的土壤温度差异受太阳辐射、大气温度和地表覆盖物的影响。日间 16 时,热量由表层向深层传递,上层地温高于深层土壤;日间 8 时,经过夜间降温,0~25 cm 土层温度无显著差异。普通地膜覆盖处理日间增温幅度大于其余处理,诱导期 60 d 的氧化-生物双降解地膜处理降解后,储存热量能力减弱,在成熟期与裸地对照处理差异不显著。

(6)地膜覆盖显著提高了覆膜区域 0~20 cm 土层含水率,随着生育期的推进,土壤水分消耗逐渐向深层土壤推进;氧化-生物双降解地膜降解后,不同地膜覆盖处理不同位置土壤水分受降雨和蒸发的影响表现出不同的变化趋势。玉米抽雄期至灌浆期,普通塑料地膜覆盖处理和氧化-生物双降解地膜处理膜下区域的平均土壤含水率较裸地对照处理提高了 7.54%和4.48%。在玉米生育末期,普通塑料地膜覆盖处理膜下土壤含水率较裸地对照处理降低 2.74%,未覆膜区域土壤含水率较裸地对照处理提高了 4.28%,诱导期 60 d 的氧化-生物双降解地膜处理与裸地对照处理土壤含水率无显著差异($P>0.05$);不同诱导期氧化-生物双降解地膜随着生育期的推进,降解程度差异导致保水效果出现显著差异,随着诱导期的增加,氧化-生物双降解地膜覆盖处理土壤储水量显著升高。土壤水分变异系数分析发现,诱导期越长,土壤稳定性越高。

(7)氧化-生物双降解地膜覆盖处理膜下区域,雨水最大入渗深度与降雨量和破损率均为正相关;入渗深度还受雨前含水率分布和大小的影响;降雨有效入渗率受降雨量的影响大于破损率;覆膜区的降雨有效入渗率先减小后增加,当降雨量达到 89.21 mm 后,地膜覆盖不再影响覆膜区的降雨利用;随着氧化-生物双降解地膜破损率的增加,覆膜区的降雨有效入渗率先增大再减小。在西辽河平原区,降雨主要以小雨和中雨为主,建议在 7 月中下旬进入雨季时,降解地膜的破损率要达到 36.64%。

(8)覆盖地膜促进了有机质的矿化作用,普通塑料地膜覆盖处理收获后 0~100 cm 土层土壤有机质含量显著低于诱导期 60 d 的氧化-生物双降解地膜处理,覆盖普通塑料地膜和氧化-生物双降解地膜处理土壤有机质显著低于裸地处理;随着氧化-生物双降解地膜处理诱导期时间的增加,收获后 0~100 cm 土层土壤有机质含量逐渐降低,白色氧化-生物双降解地膜有机质含量较黑色氧化-生物双降解地膜覆盖处理降低了 4.25%。

(9)普通塑料地膜处理 0~60 cm 土层土壤有效氮含量最高,较诱导期 60 d 的氧化-生物双降解地膜处理增加了 7.18%,诱导期 60 d 的氧化-生物双降解地膜处理土壤有效氮含量较裸地处理增加了 1.59%,差异不显著;不同诱导期的氧化-生物双降解地膜的有效氮含量与诱导期成反比,诱导期越长,土壤有效氮含量越低,诱导期 60 d 的白色氧化-生物双降解地膜处理 0~100 cm 土层土壤有效氮含量较诱导期 80 d 和 100 d 的白色氧化-生物双降解地膜处理降低了 1.41% 和 4.60%,诱导期 60 d 的黑色氧化-生物双降解地膜处理 0~100 cm 土层土壤有效氮含量较诱导期 80 d 和 100 d 的黑色氧化-生物双降解地膜处理降低了 2.66% 和 4.49%;不同颜色的氧化-生物双降解地膜处理土壤有效氮含量表现为 WM 略大于黑色氧化-生物双降解地膜处理,差异不明显($P>0.05$)。

(10)覆膜可提供良好的温度和水分条件,有利于增加土壤微生物量 C、N 的含量,有利于增加土壤脲酶、蔗糖酶、过氧化氢酶的活性,白色氧化-生物双降解地膜在未降解阶段土壤微生物量 C、N 的含量和土壤酶活性与普通塑料地膜覆盖处理差异不显著,随着地膜的降解,差异显著增大($P<0.05$);氧化-生物双降解地膜诱导期越长,土壤微生物量 C、N 的含量越高;氧化-生物双降解地膜诱导期越长,土壤脲酶、蔗糖酶的活性越高。不同诱导期氧化-生物双降解地膜覆盖对土壤过氧化氢酶影响较小,各处理的土壤过氧化氢酶含量差异不显

著。

（11）普通塑料地膜覆盖处理和氧化-生物双降解地膜覆盖处理的株高、叶面积指数和干物质量在苗期和拔节期显著大于裸地处理；玉米生育后期，诱导期 60 d 的氧化-生物双降解地膜的株高与普通地膜处理差异不显著，干旱年份，灌浆期叶面积指数和干物质量较普通地膜覆盖处理降低了 8.78% 和 5.27%；不同诱导期的氧化-生物双降解地膜覆盖处理的株高、叶面积指数和干物质量在苗期和拔节期差异不显著。

（12）玉米根系随着距地表深度的增加，根长密度呈递减趋势，玉米根系主要集中在 0~40 cm 土层内，裸地处理主要根系分布范围较覆膜处理深 10 cm 左右。普通塑料地膜、诱导期 60 d 的白色氧化-生物双降解地膜、诱导期 60 d 的黑色氧化-生物双降解地膜处理 0~60 cm 土壤的根长密度分别为 3.67 cm/cm^3、3.85 cm/cm^3、3.78 cm/cm^3，较裸地处理对照（3.49 cm/cm^3）增加了 5.16%、10.39%、8.34%。

（13）在平水年，诱导期 60 d 处理可取得最高产量；在枯水年，覆盖地膜抑制土壤增发，诱导期 100 d 处理可获得最高产量。

（14）在平水年，诱导期 60 d 和 80 d 的氧化-生物双降解地膜处理可获得最高的水分利用效率，平均较裸地对照处理提高了 1.46%；在枯水年，普通塑料地膜、诱导期 80 d 和 100 d 的氧化-生物双降解地膜处理可获得最高的水分利用效率，平均较裸地对照处理提高了 17.01%。

（15）3 年产投比均为裸地对照处理最高，因为覆膜增加了投入，降低了产投比；2016 年诱导期 60 d 的白色氧化-生物双降解地膜处理总产值最高，裸地对照处理净收入最高，2017 年 WM60 处理取得最高总产值与净收入，2018 年诱导期 100 d 的白色氧化-生物双降解地膜取得最高总产值与净收入。

（16）综合考虑产量、水分利用率和经济效益，建议在平水年选择诱导期 60~80 d，枯水年选择诱导期 80~100 d。

（17）依据氧化-生物双降解地膜和普通塑料地膜的特征，利用 HYDRUS-2D 建立了膜下滴灌条件下土壤水热迁移耦合数学模型。采用 2016 年实测数据对模型参数进行了率定，2017 年和 2018 年实测数据进行验证, R^2 为 0.76~0.84,模拟结果与实测数据拟合较好。根据模拟结果,试验区最优氧化-生物双降解地膜诱导期建议,丰水年为 60 d 左右,平水年为 60~70 d,枯水年为 70~100 d。

(18)结合田间试验与模型模拟结果,适用于西辽河平原区的氧化-生物双降解地膜诱导期,丰水年建议为 60 d 左右,破损率达到 36.64%,平水年为 60~70 d,枯水年为 80~100 d。

9.2　创新点

(1)阐明了可降解地膜覆盖对降解前的增温保墒和降解后的降雨利用与作物生长影响的机制。

(2)明晰了不同覆盖期的氧化-生物双降解地膜对玉米土壤水热分布和运移规律的影响。

(3)提出了适于西辽河平原区的氧化-生物双降解地膜覆盖诱导期,丰水年为 60 d,平水年为 60~70 d,枯水年为 80~100 d。

9.3　展望与不足

本书利用田间试验与模型模拟相结合的方式,探索了不同地膜覆盖对玉米产量影响的响应机制,揭示了不同地膜覆盖对水热运移规律的影响,探求了不同水文年型条件下氧化-生物双降解地膜覆盖在通辽地区可获得较好产量的最优覆盖期。但仍有很多不足,具体如下:

(1)通辽地区降水年内时空分布不均,主要集中在夏季,年际间降水波动较大,试验期间没有遇见生育期降雨充沛的丰水年,因此对不同地膜覆盖对土壤水分的利用与水分运移规律的影响研究还不够全面。

(2)灌水和施肥:本书对不同地膜覆盖处理均采用了相同的灌水量和施肥量(当地平均水平),未对不同地膜覆盖处理进行灌溉制度和适宜水肥耦合的研究,还需将来进一步的研究和完善。

(3)HYDRUS-2D 模型可以较好地模拟膜下滴灌条件下土壤水热运移及分布规律,然而该模型需要玉米生育指标、根系分布等田间实测数据支撑,在后续研究中可以考虑与作物生长模型相结合,综合分析不同地膜覆盖下作物生长与土壤水热运移的响应机制,实现作物生长与土壤水热运移过程的同步模拟,为不同地区作物节水增效提供理论支撑。

参 考 文 献

[1] Xu J, Li C F, Liu H T. The Effects of Plastic Film Mulching on Maize Growth and Water Use in Dry and Rainy Years in Northeast China [J]. PLOS ONE, 2015, 10 (5): e0125781.

[2] 李瑞平, 赵靖丹, 史海滨, 等. 内蒙古通辽膜下滴灌玉米棵间蒸发量 SIMDual_Kc 模型模拟 [J]. 农业工程学报, 2018, 34(3): 127-134.

[3] 周维博, 李佩成. 我国农田灌溉的水环境问题 [J]. 水科学进展, 2001, 12 (3): 413-417.

[4] Li S E, Kang S Z, Zhang L, et al. Measuring and modeling maize evapotranspiration under plastic film-mulching condition [J]. Journal of hydrology, 2013, 503: 153-168.

[5] Lee J G, Cho S R, Jeong S T, et al. Different response of plastic film mulching on greenhouse gas intensity (GHGI) between chemical and organic fertilization in maize upland soil [J]. Science of The Total Environment, 2019, 696: 133827.

[6] Braunack M, Johnston D, Price J, et al. Soil temperature and soil water potential under thin oxodegradable plastic film impact on cotton crop establishment and yield [J]. Field Crops Research, 2015, 184: 91-103.

[7] Zhao Y G, Li Y Y, Wang J, et al. Buried straw layer plus plastic mulching reduces soil salinity and increases sunflower yield in saline soils [J]. Soil Tillage Research, 2016, 155: 363-370.

[8] Abouziena H F, Hafez O M, El-Metwally IM, et al. Comparison of weed suppression and mandarin fruit yield and quality obtained with organic mulches, synthetic mulches, cultivation, and glyphosate [J]. Hort Science, 2008, 43(3): 795-799.

[9] Ramakrishna A, Tam H M, Wani S P, et al. Effect of mulch on soil temperature, moisture, weed infestation and yield of groundnut in northern Vietnam [J]. Field crops research, 2006, 95(2-3): 115-125.

[10] Chen N, Li X Y, Šimůnek J, et al. The effects of biodegradable and plastic film mulching on nitrogen uptake, distribution, and leaching in a drip-irrigated sandy field [J]. Agriculture, Ecosystems & Environment, 2020, 292: 106817.

[11] Steinmetz Z, Wollmann C, SchaeferM, et al. Plastic mulching in agriculture.

Trading short-term agronomic benefits for long-term soil degradation? [J]. Science of the total environment, 2016, 550: 690-705.

[12] Makhijani K, Kumar R, Sharma S K. Biodegradability of blended polymers: A comparison of various properties [J]. Critical Reviews in Environmental Science, 2015, 45(16): 1801-1825.

[13] He H J, Wang Z H, Guo L, et al. Distribution characteristics of residual film over a cotton field under long-term film mulching and drip irrigation in an oasis agroecosystem [J]. Soil Tillage Research, 2018, 180: 194-203.

[14] 赵俊芳, 杨晓光, 刘志娟. 气候变暖对东北三省春玉米严重低温冷害及种植布局的影响 [J]. 生态学报, 2009, 29(12): 238-245.

[15] He J, Li H W, Kuhn N J, et al. Effect of ridge tillage, no-tillage, and conventional tillage on soil temperature, water use, and crop performance in cold and semi-arid areas in Northeast China [J]. Soil Research, 2010, 48(8): 737-744.

[16] 王罕博, 龚道枝, 梅旭荣, 等. 覆膜和露地旱作春玉米生长与蒸散动态比较 [J]. 农业工程学报, 2012, 28(22): 88-94.

[17] 刘洋, 栗岩峰, 李久生, 等. 东北半湿润区膜下滴灌对农田水热和玉米产量的影响 [J]. 农业机械学报, 2015, 46(10): 93-104.

[18] Albertsson A C, Andersson S O, Karlsson S. The mechanism of biodegradation of polyethylene [J]. Polymer degradationstability, 1987, 18(1): 73-87.

[19] Qi Y L, Yang X M, Pelaez A M, et al. Macro-and micro-plastics in soil-plant system: effects of plastic mulch film residues on wheat (Triticum aestivum) growth [J]. Science of the Total Environment, 2018, 645: 1048-1056.

[20] Wang J, Chen G C, Christie P, et al. Occurrence and risk assessment of phthalate esters (PAEs) in vegetables and soils of suburban plastic film greenhouses [J]. Science of the Total Environment, 2015, 523: 129-137.

[21] 杨丽, 张东兴, 侯书林, 等. 玉米苗期地膜回收机结构参数分析与试验 [J]. 农业工程学报, 2010, 41(12): 29-34.

[22] Daryanto S, Wang L X, Jacinthe PA. Can ridge-furrow plastic mulching replace irrigation in dryland wheat and maize cropping systems? [J]. Agricultural Water Management, 2017, 190: 1-5.

[23] Hodson M E, Duffus Hodson C A, Clark A, et al. Plastic bag derived-microplastics as a vector for metal exposure in terrestrial invertebrates [J]. Environmental Science Technology, 2017, 51(8): 4714-4721.

[24] Nawaz A, Lal R, Shrestha R K, et al. Mulching affects soil properties and greenhouse gas emissions under longterm no-till and ploughtill systems in Alfisol of central Ohio [J]. Land Degradation Development, 2017, 28(2): 673-681.

[25] Wan Y, Wu C X, Xue Q, et al. Effects of plastic contamination on water evaporation and desiccation cracking in soil [J]. Science of the Total Environment, 2019, 654: 576-582.

[26] Jiang X J, Liu W J, Wang E H, et al. Residual plastic mulch fragments effects on soil physical properties and water flow behavior in the Minqin Oasis, northwestern China [J]. Soil Tillage Research, 2017, 166: 100-107.

[27] Bläsing M, Amelung W J. Plastics in soil: Analytical methods and possible sources [J]. Science of the Total Environment, 2018, 612: 422-435.

[28] Peng J P, Wang J D, Cai L Q. Current understanding of microplastics in the environment: occurrence, fate, risks, and what we should do [J]. Integrated Environmental Assessment Management, 2017, 13(3): 476-482.

[29] Ramos L, Berenstein G, Hughes E A, et al. Polyethylene film incorporation into the horticultural soil of small periurban production units in Argentina [J]. Science of the Total Environment, 2015, 523: 74-81.

[30] 严昌荣, 梅旭荣, 何文清, 等. 农用地膜残留污染的现状与防治 [J]. 农业工程学报, 2006, 22(11): 269-272.

[31] 毕继业, 王秀芬, 朱道林. 地膜覆盖对农作物产量的影响 [J]. 农业工程学报, 2008, 24(11): 172-175.

[32] 黎先发. 可降解地膜材料研究现状与进展 [J]. 塑料, 2004, 33(1): 76-81.

[33] 南殿杰, 解红娥, 李燕娥, 等. 覆盖光降解地膜对土壤污染及棉花生育影响的研究 [J]. 棉花学报, 1994, 6(2): 103-108.

[34] 申丽霞, 王璞, 张丽丽. 可降解地膜的降解性能及对土壤温度, 水分和玉米生长的影响 [J]. 农业工程学报, 2012, 28(4): 111-116.

[35] 李强, 王琦, 张恩和, 等. 生物可降解地膜覆盖对干旱灌区玉米产量和水分利用效率的影响 [J]. 干旱区资源与环境, 2016, 30(9): 155-159.

[36] 白雪, 周怀平, 解文艳, 等. 不同类型地膜覆盖对玉米农田水热状况及产量的影响 [J]. 土壤, 2018, 50(2): 414-420.

[37] 邹强, 王振华, 郑旭荣, 等. PBAT 生物降解膜覆盖对绿洲滴灌棉花土壤水热及产量的影响 [J]. 农业工程学报, 2017, 33(16): 135-143.

[38] 霍保安, 崔明奎, 赵国军, 等. 氧化生物双降解生态地膜应用效果研究

[J]. 中国农业信息, 2016, (4): 88-90.

[39] 刘蕊, 孙仕军, 张旺旺, 等. 氧化生物双降解地膜覆盖对玉米田间水热及产量的影响 [J]. 灌溉排水学报, 2017, 36(12): 25-30.

[40] 孙仕军, 张旺旺, 刘翠红, 等. 氧化生物双降解地膜降解性能及其对东北雨养春玉米田间水热和生长的影响 [J]. 中国生态农业学报, 2019, 27(1): 72-80.

[41] 路海东, 薛吉全, 郝引川, 等. 黑色地膜覆盖对旱地玉米土壤环境和植株生长的影响 [J]. 生态学报, 2016, 36(7): 1997-2004.

[42] 陈志君, 张琳琳, 姜浩, 等. 东北雨养区黑色地膜和种植密度对玉米田间地温和产量的影响 [J]. 生态学杂志, 2017, 36(8): 2169-2176.

[43] Pandey S, Singh J, Maurya I. Effect of black polythene mulch on growth and yield of winter dawn strawberry (Fragaria × ananassa) by improving root zone temperature [J]. Indian Journal of Agricultural Sciences, 2015, 85(9): 1219-1222.

[44] Li F M, Guo A H, Wei H. Effects of clear plastic film mulch on yield of spring wheat [J]. Field Crops Research, 1999, 63(1): 79-86.

[45] 张冬梅, 池宝亮, 黄学芳, 等. 地膜覆盖导致旱地玉米减产的负面影响 [J]. 农业工程学报, 2008, 24(4): 99-102.

[46] Bu L D, Zhu L, Liu J L, et al. Source-sink capacity responsible for higher maize yield with removal of plastic film [J]. Agronomy Journal, 2013, 105(3): 591-598.

[47] Li F M, Guo A H, Wei H. Effects of clear plastic film mulch on yield of spring wheat [J]. Field Crops Research, 1999, 63(1): 79-86.

[48] 严昌荣, 何文清, 刘恩科, 等. 作物地膜覆盖安全期概念和估算方法探讨 [J]. 农业工程学报, 2015, 31(9): 1-4.

[49] 吴凤全, 林涛, 祖米来提·吐尔干, 等. 降解地膜对南疆棉田土壤水热及棉花产量的影响 [J]. 农业环境科学学报, 2018, 37(12): 187-195.

[50] Wang Z H, Wu Q, Fan B B, et al. Testing biodegradable films as alternatives to plastic films in enhancing cotton (Gossypium hirsutum L.) yield under mulched drip irrigation [J]. Soil and Tillage Research, 2019(192): 196-205.

[51] 赵燕, 李淑芬, 吴杏红, 等. 我国可降解地膜的应用现状及发展趋势 [J]. 现代农业科技, 2010(23): 105-107.

[52] 许香春, 王朝云. 国内外地膜覆盖栽培现状及展望 [J], 中国麻业, 2006, 28

(1):6-11.

[53] 温耀贤. 功能性塑料薄膜 [M]. 北京：机械工业出版社. 2005.

[54] 刘敏, 黄占斌, 杨玉姣. 可生物降解地膜的研究进展与发展趋势 [J]. 中国农学通报, 2008, 24(9):439-443.

[55] 赵燕, 李淑芬, 吴杏红, 等. 我国可降解地膜的应用现状及发展趋势 [J]. 现代农业科学, 2010, 2010(23): 105-107.

[56] 乔海军, 黄高宝, 冯福学, 等. 生物全降解地膜的降解过程及其对玉米生长的影响 [J]. 甘肃农业大学学报, 2008, 43(5): 71-75.

[57] 赵爱琴, 李子忠, 龚元石. 生物降解地膜对玉米生长的影响及其田间降解状况 [J]. 中国农业大学学报, 2005, 10(2): 74-78.

[58] 胡宏亮, 韩之刚, 张国平. 生物降解地膜对玉米的生物学效应及其降解特性 [J]. 浙江大学学报:农业与生命科学版, 2015, 41(2): 179-188.

[59] 张景俊. 不同可降解地膜的降解特性及其覆盖下的水—热—盐—氮变化特征研究 [D]. 呼和浩特:内蒙古农业大学, 2017.

[60] 郭宇. 施氮方式和覆膜类型对地温及作物水氮高效利用的影响 [D]. 呼和浩特:内蒙古农业大学, 2018.

[61] 王星. 可降解地膜的降解特性及其对土壤环境的影响 [D]. 杨凌:西北农林科技大学, 2003.

[62] 刘群, 穆兴民, 袁子成, 等. 生物降解地膜自然降解过程及其对玉米生长发育和产量的影响 [J]. 水土保持通报, 2011, 31(6): 126-129.

[63] 张晓海, 陈建军, 杨志新. Biolice 可降解地膜降解速率及其产物研究 [J]. 云南农业大学学报:自然科学版, 2013, 28(4): 540-544.

[64] 王星, 吕家珑, 孙本华. 覆盖可降解地膜对玉米生长和土壤环境的影响 [J]. 农业环境科学学报, 2003, 22(4): 397-401.

[65] 王鑫, 胥国斌, 任志刚, 等. 无公害可降解地膜对玉米生长及土壤环境的影响 [J]. 中国生态农业学报, 2007, 15(1): 78-81.

[66] 白有帅, 贾生海, 黄彩霞, 等. 旱作区生物降解膜对土壤温度, 水分及春小麦产量的影响 [J]. 麦类作物学报, 2015, 35(11): 1558-1563.

[67] 杨玉姣, 黄占斌, 闫玉敏, 等. 可降解地膜覆盖对土壤水温和玉米成苗的影响 [J]. 农业环境科学学报, 2010, 29(3): 10-14.

[68] 李振华, 张丽芳, 康暄, 等. 降解地膜覆盖对土壤环境和旱地马铃薯生育的影响 [J]. 中国农学通报, 2011, 27(5): 249-253.

[69] 郭仕平, 向金友, 曾淑华, 等. 生物降解膜在烤烟地膜覆盖栽培中的应用

[J]. 中国农学通报, 2015, 31(28): 50-54.

[70] 赵彩霞, 何文清, 刘爽, 等. 新疆地区全生物降解膜降解特征及其对棉花产量的影响 [J]. 农业环境科学学报, 2011, 30(8): 1616-1621.

[71] 李仙岳, 郭宇, 丁宗江, 等. 不同地膜覆盖对不同时间尺度地温与玉米产量的影响 [J]. 农业机械学报, 2018, 40(9): 29.

[72] 袁海涛, 于谦林, 贾德新, 等. 氧化-生物双降解地膜降解性能及其对棉花生长的影响 [J]. 棉花学报, 2016, 28(6): 602-608.

[73] 李仙岳, 彭遵原, 史海滨, 等. 不同类型地膜覆盖对土壤水热与葵花生长的影响 [J]. 农业机械学报, 2015, 46(2): 97-103.

[74] 谷晓博, 李援农, 银敏华, 等. 降解膜覆盖对油菜根系, 产量和水分利用效率的影响 [J]. 农业机械学报, 2015, 46(12): 184-193.

[75] 杨海迪, 海江波, 贾志宽, 等. 不同地膜周年覆盖对冬小麦土壤水分及利用效率的影响 [J]. 干旱地区农业研究, 2011, 29(2): 27-34.

[76] 张杰, 任小龙, 罗诗峰, 等. 环保地膜覆盖对土壤水分及玉米产量的影响 [J]. 农业工程学报, 2010, 26(6): 14-19.

[77] 王敏. 不同材料覆盖对黄土高原旱地春玉米生长及土壤环境的影响 [D]. 杨凌: 西北农林科技大学, 2011.

[78] 周昌明. 地膜覆盖及种植方式对土壤水氮利用及夏玉米生长, 产量的影响 [D]. 杨凌: 西北农林科技大学, 2016.

[79] 吴杨. 黄土高原不同覆盖种植技术对农田水温效应及玉米生长的影响 [D]. 杨凌: 西北农林科技大学, 2016.

[80] 白丽婷. 渭北旱塬不同类型地膜覆盖对土壤环境和冬小麦生长的影响 [D]. 杨凌: 西北农林科技大学, 2010.

[81] Moreno M M, Moreno A. Effect of different biodegradable and polyethylene mulches on soil properties and production in a tomato crop [J]. Scientia Horticulturae, 2008, 116(3): 256-263.

[82] 李东坡, 武志杰, 陈利军, 等. 长期培肥黑土微生物量碳动态变化及影响因素 [J]. 生态学杂志, 2004, 15(10): 1334-1338.

[83] 焦晓光, 魏丹, 隋跃宇. 长期培肥对农田黑土土壤微生物量碳、氮的影响 [J]. 中国土壤与肥料, 2010, 6(3): 1-3.

[84] Tripathi S, Kumari S, Chakraborty A, et al. Microbial biomass and its activities in salt-affected coastal soils [J]. Biology Fertility of Soils, 2006, 42(3): 273-277.

［85］Zahir Z A, Malik M A R, ArshadM. Soil Enzymes Research: A Review ［J］. Journal of Biological Sciences, 2001, 10(5): 299-307.

［86］曹慧, 孙辉, 杨浩, 等. 土壤酶活性及其对土壤质量的指示研究进展 ［J］. 应用与环境生物学报, 2003, 009(1): 105-109.

［87］王静, 张天佑. 全膜覆土穴播种植冬小麦对旱地土壤微生物数量及生物量的影响 ［J］. 水土保持通报, 2016, 36(1): 188-192.

［88］于树, 汪景宽, 高艳梅. 地膜覆盖及不同施肥处理对土壤微生物量碳和氮的影响 ［J］. 沈阳农业大学学报, 2006, 37(4): 602-606.

［89］张成娥, 梁银丽, 贺秀斌. 地膜覆盖玉米对土壤微生物量的影响 ［J］. 生态学报, 2002, 22(4): 66-70.

［90］赵林森, 王九龄. 杨槐混交林生长及土壤酶与肥力的相互关系 ［J］. 北京林业大学学报, 1995, 17(4): 1-8.

［91］张燕, 何建军, 夏红斌, 等. 不同生物降解膜对棉花生长及产量的影响 ［J］. 中国棉花, 2015, 42(7): 22-24.

［92］赵沛义, 康暄, 妥德宝, 等. 降解地膜覆盖对土壤环境和旱地向日葵生长发育的影响 ［J］. 中国农学通报, 2012, 28(6): 84-89.

［93］王青青, 于瑞德, 沙东, 等. 生物降解膜覆膜节水对沙砾土壤含水量及葡萄幼苗生长的影响 ［J］. 干旱地区农业研究, 2014, 32(4): 102-106.

［94］庞国柱, 王进财. 棉花应用乐卫地含氧生物降解膜的比较效果 ［J］. 棉花科学, 2015, 37(2): 40-42.

［95］林萌萌, 孙涛, 尹继乾, 等. 不同生物降解地膜对花生光合特性和产量的影响 ［J］. 中国农学通报, 2015, 31(27): 199-206.

［96］Roberts T, Lazarovitch N, Warrick A W, et al. Modeling Salt Accumulation with Subsurface Drip Irrigation Using HYDRUS-2D ［J］. Soil ence Society of America Journal, 2009, 73(1): 1027-1033.

［97］Skaggs T H, Trout T J, Rothfuss Y. Drip Irrigation Water Distribution Patterns: Effects of Emitter Rate, Pulsing, and Antecedent Water ［J］. Soil Science Society of America Journal,2012, 74(6): 1886.

［98］Bufon V B, Lascano R J, Bednarz C, et al. Soil water content on drip irrigated cotton: comparison of measured and simulated values obtained with the Hydrus 2-D model ［J］. Irrigation Science, 2012, 30(4): 259-273.

［99］Doltra J, Muñoz P. Simulation of nitrogen leaching from a fertigated crop rotation in a Mediterranean climate using the EU-Rotate_N and Hydrus-2D models ［J］.

Agricultural Water Management, 2010, 97(2): 277-285.

[100] 李亮, 史海滨, 贾锦凤, 等. 内蒙古河套灌区荒地水盐运移规律模拟 [J]. 农业工程学报, 2010, 12(1): 31-35.

[101] Whling T, Schmitz. A Physically Based Coupled Model for Simulating 1D Surface-2D Subsurface Flow and Plant Water Uptake in Irrigation Furrows. I: Model Development [J]. Journal of Irrigation Drainage Engineering, 2007, 133 (6): 538-547.

[102] Bristow K L, Cote C M, Thorburn P, et al. Soil wetting and solute transport in trickle irrigation systems; proceedings of the 6th International Micro-irrigation Congress (Micro 2000), Cape Town, South Africa, 22-27 October 2000, F, 2000 [C]. International Commission on Irrigation and Drainage (ICID).

[103] 王建东, 龚时宏, 许迪, 等. 地表滴灌条件下水热耦合迁移数值模拟与验证 [J]. 农业工程学报, 2010, 26(12): 66-71.

[104] Liu M X, Yang J S, Li X M, et al. Numerical simulation of soil water dynamics in a drip irrigated cotton field under plastic mulch [J]. Pedosphere, 2013, 23 (5): 620-635.

[105] 李仙岳, 陈宁, 史海滨, 等. 膜下滴灌玉米番茄间作农田土壤水分分布特征模拟 [J]. 农业工程学报, 2019, 35(10): 50-59.

[106] Chen B Q, Liu E K, Mei X R, et al. Modelling soil water dynamic in rain-fed spring maize field with plastic mulching [J]. Agricultural Water Management, 2018, (198): 19-27.

[107] 齐智娟. 河套灌区盐碱地玉米膜下滴灌土壤水盐热运移规律及模拟研究 [D]. 杨凌: 中国科学院教育部水土保持与生态环境研究中心, 2016.

[108] 李斯. 基于 HYDRUS 模型不同土壤有效水边界对沙壤土滴灌湿润体特性影响研究 [D]. 杨凌: 西北农林科技大学, 2017.

[109] Kandelous M M, imnek J. Comparison of numerical, analytical, and empirical models to estimate wetting patterns for surface and subsurface drip irrigation [J]. Irrigation Science, 2010, 28(5): 435-444.

[110] Kandelous M M, Šimůnek J, Van Genuchten M T, et al. Soil water content distributions between two emitters of a subsurface drip irrigation system [J]. Soil Science Society of America Journal, 2011, 75(2): 488-497.

[111] 潘红霞, 付恒阳, 贺屹. 基于 HYDRUS-2D 的地下滴灌下水分运移数值模拟研究 [J]. 灌溉排水学报, 2015, 34(3): 52-55.

[112] 冀荣华, 王婷婷, 祁力钧, 等. 基于 HYDRUS-2D 的负压灌溉土壤水分入渗数值模拟 [J]. 农业机械学报, 2015, 46(4): 113-119.

[113] Saglam M, Sintim H Y, Bary AI, et al. Modeling the effect of biodegradable paper and plastic mulch on soil moisture dynamics [J]. Agricultural Water Management, 2017(193): 240-250.

[114] Chen N, Li X Y, Šimůnek J, et al. Evaluating the effects of biodegradable film mulching on soil water dynamics in a drip-irrigated field [J]. Agricultural Water Management, 2019(226): 105788.

[115] 贾琼, 史海滨, 李瑞平, 等. 通辽玉米滴灌灌溉制度 [J]. 排灌机械工程学报, 2018, 036(9): 897-902.

[116] 杨惠娣, 唐赛珍. 降解塑料试验评价方法探讨 [J]. 塑料, 1996, 25(2): 16-22.

[117] 鲍士旦. 土壤农化分析[M]. 3 版. 北京:中国农业出版社, 2000.

[118] 吴金水. 土壤微生物生物量测定方法及其应用 [M]. 北京:气象出版社, 2006.

[119] 战勇, 魏建军, 杨相昆, 等. 可降解地膜的性能及在北疆棉田上的应用 [J]. 西北农业学报, 2010, 19(7): 202-206.

[120] 王淑英, 樊廷录, 李尚中, 等. 生物降解膜降解,保墒增温性能及对玉米生长发育进程的影响 [J]. 干旱地区农业研究, 2016, 34(1): 127-133.

[121] 申丽霞, 王璞, 张丽丽. 可降解地膜对土壤、温度水分及玉米生长发育的影响 [J]. 农业工程学报, 2011, 27(6): 25-30.

[122] 王敏, 王海霞, 韩清芳, 等. 不同材料覆盖的土壤水温效应及对玉米生长的影响 [J]. 作物学报, 2011, 37(7): 1249-1258.

[123] 侯英雨, 张艳红, 王良宇, 等. 东北地区春玉米气候适宜度模型 [J]. 应用生态学报, 2013, 24(11): 3207.

[124] 周乃健, 郝久青. 回归等值线图在土壤水分时空变化动态分析中的应用 [J]. 农业工程学报, 1997, 13(1): 112-115.

[125] 李成华, 马成林. 有机物覆盖地面对土壤物理因素影响的研究(Ⅱ)——有机物覆盖对土壤孔隙度的影响 [J]. 农业工程学报, 1997, 13(2): 82-85.

[126] 申丽霞, 兰印超, 李若帆. 不同降解膜覆盖对土壤水热与玉米生长的影响 [J]. 干旱地区农业研究, 2018, 6(1): 200-206.

[127] 康虎, 敖李龙, 秦丽珍, 等. 生物质可降解地膜的田间降解过程及其对玉米生长的影响 [J]. 中国农学通报, 2013, 29(6): 54-58.

[128] Sun T, Li G, Ning T Y. Suitability of mulching with biodegradable film to moderate soil temperature and moisture and to increase photosynthesis and yield in peanut [J]. Agricultural Water Management, 2018(208): 214-223.

[129] 宋幽静, 何俊仕, 董克宝, 等. 膜下滴灌对降雨入渗影响研究 [J]. 节水灌溉, 2017, 12(11): 1-5.

[130] 刘战东, 高阳, 刘祖贵, 等. 降雨特性和覆盖方式对麦田土壤水分的影响 [J]. 农业工程学报, 2012, 28(13): 121-128.

[131] 王俊, 李凤民, 宋秋华, 等. 地膜覆盖对土壤水温和春小麦产量形成的影响 [J]. 应用生态学报, 2003, 14(2): 205-210.

[132] 刘春生. 土壤肥料学 [M].北京:中国农业大学出版社, 2006.

[133] 戚迎龙. 西松辽平原玉米滴灌水氮耦合及地膜覆盖影响效应研究 [D]. 呼和浩特:内蒙古农业大学, 2016.

[134] 宋秋华, 李凤民, 王俊, 等. 覆膜对春小麦农田微生物数量和土壤养分的影响 [J]. 生态学报, 2002, 22(12): 2125-2132.

[135] 周昌明, 李援农, 谷晓博, 等. 降解膜覆盖种植方式对夏玉米土壤养分和氮素利用的影响 [J]. 农业机械学报, 2016, 47(2): 133-142.

[136] 周丽娜, 雷金银. 覆膜方式对坡耕地春玉米产量、土壤水分和养分的影响 [J]. 中国农学通报, 2014, 30(33): 30-35.

[137] 俞慎, 李勇, 王俊华, 等. 土壤微生物生物量作为红壤质量生物指标的探讨 [J]. 土壤学报, 1999, 36(3): 413-422.

[138] 周礼恺, 张志明. 土壤酶活性的测定方法 [J]. 土壤通报, 1980, 5(1): 37-38.

[139] 王建武, 冯远娇. 种植 Bt 玉米对土壤微生物活性和肥力的影响 [J]. 生态学报, 2005, 25(5): 1213-1220.

[140] 边雪廉, 赵文磊, 岳中辉, 等. 土壤酶在农业生态系统碳, 氮循环中的作用研究进展 [J]. 中国农学通报, 2016, 32(4): 171-178.

[141] 李世朋, 蔡祖聪, 杨浩, 等. 长期定位施肥与地膜覆盖对土壤肥力和生物学性质的影响 [J]. 生态学报, 2009(5): 2489-2498.

[142] 李云玲, 谢英荷, 洪坚平. 生物菌肥在不同水分条件下对土壤微生物生物量碳、氮的影响 [J]. 应用与环境生物学报, 2004, 10(6): 790-793.

[143] 江森华, 倪梦颖, 周嘉聪, 等. 增温和降雨减少对杉木幼林土壤酶活性的影响 [J]. 生态学杂志, 2018, 37(11): 35-44.

[144] 刘小娥. 地膜覆盖对半干旱区玉米地土壤氮素循环和肥料氮去向的影响

[D]. 兰州:兰州大学, 2014.

[145] Cookson W R, Osman M, MarschnerP, et al. Controls on soil nitrogen cycling and microbial community composition across land use and incubation temperature [J]. Soil Biology Biochemistry, 2007, 39(3): 744-756.

[146] 胡延杰, 翟明普, 武觐文, 等. 杨树刺槐混交林及纯林土壤酶活性的季节性动态研究 [J]. 北京林业大学学报, 2001, 23(5): 23-26.

[147] 许景伟, 王卫东. 不同类型黑松混交林土壤微生物, 酶及其与土壤养分关系的研究 [J]. 北京林业大学学报, 2000, 22(1): 51-55.

[148] 杨青华, 韩锦峰. 棉田不同覆盖方式对土壤微生物和酶活性的影响 [J]. 土壤学报, 2005, 42(2): 348-351.

[149] 杨青华, 韩锦峰, 贺德先. 液体地膜覆盖对棉田土壤微生物和酶活性的影响 [J]. 生态学报, 2005, 25(6): 1312-1317.

[150] 杨招弟, 蔡立群, 张仁陟, 等. 不同耕作方式对旱地土壤酶活性的影响 [J]. 土壤通报, 2008, 39(3): 514-517.

[151] Visser S, Parkinson D. Soil biological criteria as indicators of soil quality: Soil microorganisms[J]. American Journal of Alternative Agriculture, 1992, 7(Special Issue 1-2): 33-37.

[152] Fierer N, Schimel J P. Effects of drying-rewetting frequency on soil carbon and nitrogen transformations [J]. Soil Biology Biochemistry, 2002, 34(6): 777-787.

[153] 王全九. 土壤物理与作物生长模型 [M]. 北京:中国水利水电出版社, 2016.

[154] 马存金, 刘鹏, 赵秉强, 等. 施氮量对不同氮效率玉米品种根系时空分布及氮素吸收的调控 [J]. 植物营养与肥料学报, 2014, 6(4): 845-859.

[155] 邹海洋, 张富仓, 张雨新, 等. 适宜滴灌施肥量促进河西春玉米根系生长提高产量 [J]. 农业工程学报, 2017, 33(21): 145-155.

[156] 银敏华, 李援农, 李昊, 等. 氮肥运筹对夏玉米根系生长与氮素利用的影响 [J]. 农业机械学报, 2016, 47(6): 129-138.

[157] 漆栋良, 胡田田, 吴雪, 等. 适宜灌水施氮方式利于玉米根系生长提高产量 [J]. 农业工程学报, 2015, 31(11): 144-149.

[158] 周昌明, 李援农, 银敏华, 等. 连垄全覆盖降解膜集雨种植促进玉米根系生长提高产量 [J]. 农业工程学报, 2015, 31(7): 109-117.

[159] Cook F J, Thorburn P J, Fitch P, et al. Wet Up: a software tool to display ap-

proximate wetting patterns from drippers [J]. Irrigation Science, 2003, 22(3-4): 129-134.

[160] Cook F, Thorburn P, Bristow K L, et al. Infiltration from surface and buried point sources: the average wetting water content [J]. Water Resources Research, 2003, 39(12).

[161] Sophocleous M. Analysis of water and heat flow in unsaturated-saturated porous media [J]. Water Resources Research, 1979, 15(5): 1195-1206.

[162] Feddes R, Kowalik P, Zaradny H. Simulation of field water use and crop yield. Simulation monographs [J]. Pudoc, Wageningen, 1978: 9-30.

[163] Wesseling J. Meerjarige simulatie van grondwaterstroming voor verschillende bodemprofielen, grondwatertrappen en gewassen met het model SWATRE [R]: DLO-Staring Centrum, 1991.

[164] Lazarovitch N, Ben-Gal A, ŠimunekJ, et al. Uniqueness of soil hydraulic parameters determined by a combined Wooding inverse approach [J]. Soil Science Society of America Journal, 2007, 71(3): 860-865.

[165] Van Genuchten M T, Leij F J, Yates S R. The RETC code for quantifying the hydraulic functions of unsaturated soils [J]. U. S. Department of Agriculture, Agricultural Research Service, Riverside, California, 1991, 9250(1).

[166] Schaap M G, Leij F J, Van Genuchten M T. Rosetta: A computer program for estimating soil hydraulic parameters with hierarchical pedotransfer functions [J]. Journal of hydrology, 2001, 251(3-4): 163-176.

[167] Marquardt D W. An algorithm for least-squares estimation of nonlinear parameters [J]. Journal of the society for Industrial, 1963, 11(2): 431-441.